Aditya Anand
Siddharth Sharma

Aumentar o potencial de reabilitação eficiente em termos energéticos através do BIM

Aditya Anand
Siddharth Sharma

Aumentar o potencial de reabilitação eficiente em termos energéticos através do BIM

Modelação da informação da construção

ScienciaScripts

Cover image: www.ingimage.com

This book is a translation from the original published under ISBN 978-620-7-46670-2.

Publisher:
Sciencia Scripts
is a trademark of
Dodo Books Indian Ocean Ltd. and OmniScriptum S.R.L publishing group

120 High Road, East Finchley, London, N2 9ED, United Kingdom
Str. Armeneasca 28/1, office 1, Chisinau MD-2012, Republic of Moldova, Europe
Printed at: see last page
ISBN: 978-620-7-91339-8

Conteúdo

RESUMO

Os edifícios são a personificação do desenvolvimento urbano de um país, reflectindo as suas proezas arquitectónicas e aspirações sociais. É um facto inegável que os edifícios são responsáveis por uma parte considerável do consumo global de energia. Sendo os edifícios responsáveis por 30% do consumo mundial de energia, a reabilitação dos edifícios existentes foi considerada uma prioridade máxima para promover a conservação dos recursos e a sustentabilidade ambiental. O principal obstáculo à obtenção de um baixo consumo de energia através da reabilitação de edifícios existentes é a falta de uma metodologia eficiente e precisa de desenho, visualização, simulação, análise e documentação do projeto.

Uma solução promissora para este problema surgiu sob a forma de Modelação da Informação da Construção (BIM), que fornece uma plataforma abrangente para a integração de múltiplas fontes de dados e beneficia a racionalização do processo de reabilitação. Com base num estudo exaustivo da literatura e num caso de exemplo, o BIM é avaliado analisando a forma como se integra nas fases de reabilitação e determinando como pode ser incorporado na reabilitação através de um estudo de caso aplicado no Singar Boys Hotel (Vivekananda Global University), Jaipur, Índia. Os dados obtidos a partir de exemplos de casos e os conhecimentos derivados dos estudos de caso foram utilizados para examinar o impacto do BIM na melhoria da eficiência energética no processo de reabilitação.

Palavras-chave: Modelação da Informação da Construção, reabilitação, eficiência energética, tecnologia

CAPÍTULO 1

PRELÚDIO

1.1 INTRODUÇÃO

Uma onda de avanços tecnológicos que transformaram as práticas convencionais em novos domínios impulsionou a notável evolução do sector da construção. Na era dos avanços tecnológicos que estão a remodelar o sector da construção, destaca-se um aspeto fundamental: o imperativo de melhorar a eficiência energética. Embora a tecnologia tenha revolucionado as práticas convencionais, também abriu caminho para um foco intensificado no consumo de energia e na sustentabilidade dentro do ambiente construído. (Khudair, 2021)

Como ilustrado na Figura 1, torna-se evidente que os edifícios desempenham um papel sub-substancial no consumo de energia. Especificamente, são responsáveis por cerca de 36% do consumo de energia nas indústrias, 26% nos ambientes domésticos e 11% nos sectores comerciais. Este consumo substancial de energia levou o Gabinete de Eficiência Energética (BEE), uma entidade que opera no âmbito do Ministério da Energia do Governo da Índia, a tomar medidas proactivas. Esta iniciativa envolve a defesa de medidas de eficiência energética dentro de estruturas pré-existentes, particularmente através do envolvimento de Empresas de Serviços Energéticos (Energy Efficiency Services Limited, 2021), e alargando as suas ofertas de serviços no Programa de Eficiência Energética dos Edifícios (BEEP). O BEEP está a ser implementado desde 2017. Atualmente, cerca de 11 000 edifícios foram abrangidos pelo programa através da adaptação de aparelhos ineficientes a produtos energeticamente eficientes (LIMITED, 2021)

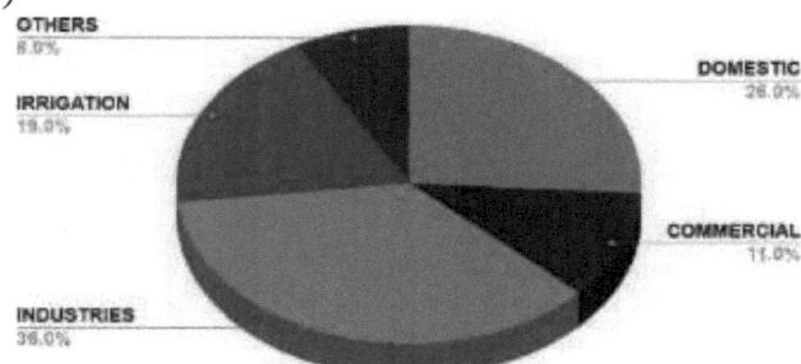

Figura 1 Consumo de eletricidade por sector na Índia (Fonte: BEE)

O consumo bruto de eletricidade nos edifícios residenciais tem vindo a aumentar acentuadamente ao longo dos anos. O consumo de energia nos edifícios aumentou para 260 TWh em 201617, contra 55 TWh em 1996-97. O que significa um aumento de 4x no consumo de energia em 20 anos, como mostra a figura 2. (BEE, 2018)

As estatísticas de energia de 2013 da Organização Nacional de Estatística da Índia (NSO) mostram que a eletricidade representou mais de 57% do consumo total de energia durante 2011-12 na Índia e que o sector da construção já consome cerca de 40% da eletricidade. A nível mundial, a construção e a ocupação de edifícios têm sido objeto de atenção devido às suas fortes ligações com a utilização de energia e os impactos climáticos. De acordo com o World Energy Outlook 2009, o rastreador da utilização global de energia da Agência Internacional de Energia, sediada em Paris, metade da população mundial nas cidades já consome dois terços da energia mundial. (CSE)

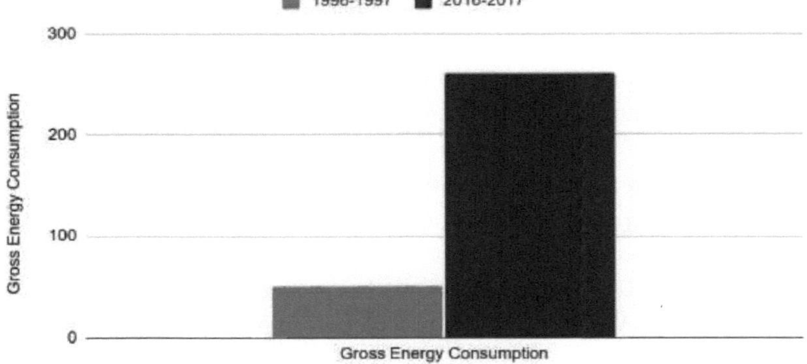

Figura 2 Consumo bruto de energia na Índia (Fonte: BEE)

Até 2030, as cidades consumirão 73% da energia mundial (CSE, 2020). Prevê-se que a Índia registe um aumento médio de 2,7% por ano entre 2015 e 2040, mais do dobro do aumento médio global, como mostra a figura 3 (Association, 2017).

Além disso, também notámos que, nos últimos anos, a certificação LEED para edifícios existentes começou a ultrapassar a certificação LEED para novas construções
e grandes renovações, tornando-nos ainda mais conscientes da importância dos edifícios existentes. (Pyke, 2013)

Variação média anual do consumo de energia nos edifícios, 2015-2040

percentagem por ano eia

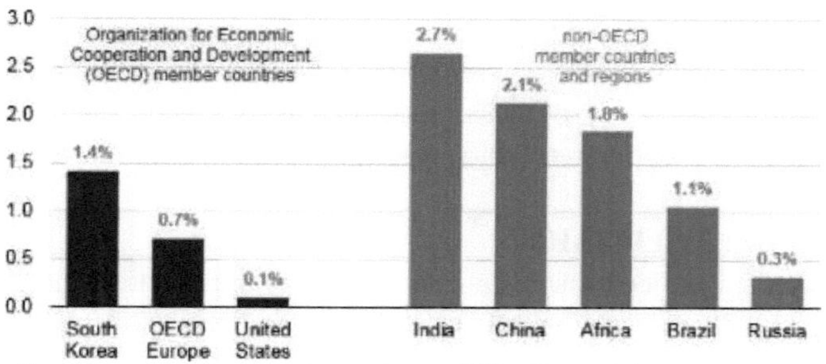

Figura 3 Variação média anual do consumo de energia nos edifícios (Fonte: eia)

300

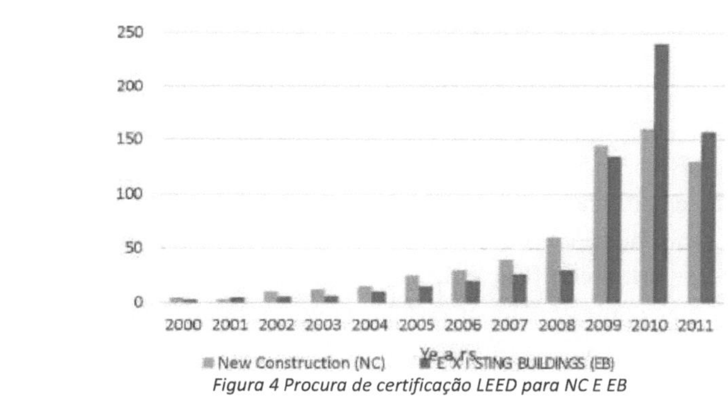

Figura 4 Procura de certificação LEED para NC E EB

1.2 NECESSIDADE DO ESTUDO

- Esta investigação é motivada por uma necessidade crítica de resolver o problema do consumo crescente de energia no sector da construção existente. Com o aumento das preocupações ambientais, o estudo tem como objetivo explorar e propor estratégias e tecnologias inovadoras para reduzir o consumo de energia. Ao fazê-lo, contribui para objectivos de sustentabilidade mais amplos e para o imperativo de reduzir a nossa pegada de carbono.
- No centro do estudo está a ambição de modernizar e racionalizar o processo de reabilitação de edifícios existentes. Reconhecendo a atual fragmentação e a natureza subóptima destes processos, a investigação mergulha na integração de tecnologias de ponta, com especial incidência na Modelação da Informação da Construção (BIM). O objetivo final é aumentar a eficiência dos processos de reabilitação, tornando-os mais acessíveis, adaptáveis e, em última análise, mais eficazes.
- O estudo coloca uma ênfase deliberada na realização da eficiência de custos, promovendo simultaneamente uma utilização eficiente da energia. Reconhece que a viabilidade económica das soluções energeticamente eficientes é

fundamental para uma adoção generalizada. Através de uma avaliação exaustiva das implicações económicas das diferentes estratégias de reabilitação, o estudo visa fornecer informações práticas às partes interessadas. Isto assegura um equilíbrio delicado entre a relação custo-eficácia e a promoção de práticas energéticas sustentáveis.

1.3 A QUEM BENEFICIARÁ?

- Arquitectos e projectistas: Este estudo dota os arquitectos e projectistas de estratégias avançadas de reabilitação baseadas em BIM, melhorando a sustentabilidade, a eficiência de custos e a competitividade dos seus projectos.
- Estudantes de Arquitetura: Enquanto aspirantes a arquitectos, os estudantes considerarão este estudo particularmente relevante, uma vez que lhes proporciona uma compreensão mais profunda do potencial transformador do BIM em projectos de reabilitação. Este conhecimento pode melhorar as suas perspectivas de formação e de carreira, alinhando-as com as últimas tendências e práticas do sector.
- Certificação de edifícios verdes: A Modelação da Informação da Construção (BIM) serve de catalisador para simplificar o processo de certificação de edifícios verdes, como a certificação LEED. Sem o BIM, as certificações verdes são realizadas manualmente após a conclusão do projeto. A incorporação do BIM e das ferramentas de classificação de edifícios no processo de tomada de decisão inicial de um projeto é mais significativa para melhorar a sustentabilidade dos edifícios

1.4 HIPÓTESE

A integração do BIM no processo de reabilitação conduzirá a soluções energeticamente eficientes mais rápidas e precisas.

1.5 AIM

Utilizar o BIM como uma ferramenta estratégica para otimizar o potencial de reabilitação energeticamente eficiente.

1.6 OBJECTIVOS

- Investigar a energia existente e a dinâmica dos custos relacionados no sector da construção.
- Determinar o papel do BIM nas fases de reabilitação.
- Explorar as práticas e estratégias de implementação do BIM para projectos de reabilitação com eficiência energética.
- Estudar exemplos de projectos que demonstrem a relação custo-eficácia, o retorno do investimento e a viabilidade a longo prazo de uma adaptação eficiente do ponto de vista energético.
- Desenvolver um modelo BIM analítico para implementar as melhores práticas e fluxos de trabalho para uma iniciativa retro-BIM

1.7 ÂMBITO E LIMITAÇÕES

- A análise centrar-se-á no processo e no fluxo de trabalho envolvidos na adaptação de edifícios utilizando a tecnologia BIM.
- O período de tempo para a recolha de dados será limitado aos últimos cinco anos, de modo a centrar-se nos desenvolvimentos recentes em matéria de reabilitação orientada pelo BIM.
- O estudo de caso aplicado não se centrará na análise da reabilitação profunda.
- A investigação centrar-se-á principalmente nas melhorias da eficiência energética através do fluxo de trabalho BIM e não considerará outros aspectos, como o período de retorno do investimento, a estética ou as alterações de funcionalidade.

1.8 METODOLOGIA

Conforme ilustrado na Fig. 4, o nosso estudo começou com o objetivo de compreender as práticas de reabilitação energeticamente eficientes através de uma revisão exaustiva da literatura e da análise de exemplos de casos. O nosso objetivo era estudar e identificar medidas de reabilitação utilizando o fluxo de trabalho BIM-Retrofit no Singar Boys Hostel (Vivekananda Global University) em Jaipur. Em primeiro lugar, realizámos um inquérito pré-retrofit para compreender melhor várias características, características arquitectónicas e operacionais, preocupações dos ocupantes e utilização do edifício. Durante o inquérito pré-retrofit, foram utilizados três métodos para compreender o padrão de utilização real do edifício: análise do projeto utilizando os desenhos e as informações técnicas fornecidas e observação física no local. De seguida, foi desenvolvida uma lista de várias opções de reabilitação, derivada do estudo da literatura, e aplicada ao caso de estudo escolhido. Com base nas informações recolhidas, foi desenvolvido um modelo utilizando o Revit. Foi feita uma análise dos dados BIM no Revit para identificar as várias medidas de reabilitação que foram optimizadas para o estudo de caso escolhido.

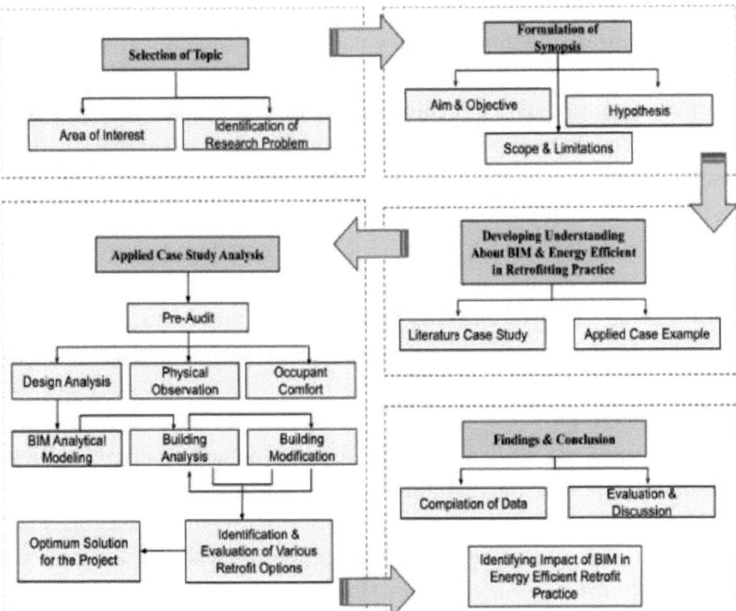

Figura 5 Metodologia de investigação

CAPÍTULO 2

ESTUDO BIBLIOGRÁFICO

2.1 RETROFITTING

A reabilitação de um edifício implica a modificação dos seus sistemas ou da sua estrutura após a sua construção e ocupação iniciais. Isto tem o potencial de melhorar as instalações disponíveis para os indivíduos que vivem no edifício e otimizar o funcionamento geral da estrutura. O avanço da tecnologia conduziu ao potencial de reduções substanciais na utilização de energia e de água através da implementação de obras de reabilitação de edifícios. (Khairi, 2017)

2.1.1 METAS E OBJECTIVOS DA READAPTAÇÃO

No domínio da reabilitação de edifícios, um conjunto de metas e objectivos claros e técnicos servem de princípios orientadores. Estes objectivos englobam uma série de factores que, em última análise, beneficiam tanto o edifício como os seus ocupantes: (Ugreen, 2022)

- **Operações económicas:** A implementação de adaptações energeticamente eficientes resulta numa redução das despesas operacionais, optimizando o desempenho financeiro do edifício.
- **Durabilidade prolongada dos edifícios:** As medidas de reabilitação contribuem para prolongar a vida útil dos edifícios, preservando a sua integridade estrutural e o seu desempenho ao longo do tempo.
- **Revisão da documentação arquitetónica:** As iniciativas de reabilitação requerem a revisão dos desenhos e da documentação do edifício, facilitando a manutenção e as renovações futuras.

- **Melhoria da qualidade do ambiente interior (IEQ):** As estratégias de reabilitação visam elevar a qualidade do ambiente interior (IEQ), abrangendo factores como a qualidade do ar, a iluminação e o conforto térmico, promovendo assim um ambiente de vida e de trabalho superior.
- **Otimização do Conforto Térmico e Visual:** As intervenções de reabilitação dão prioridade à obtenção de conforto térmico e visual para os ocupantes, promovendo a produtividade e a satisfação dos ocupantes.
- **Melhoria da saúde dos ocupantes:** As iniciativas de readaptação também contribuem para melhorar a saúde dos ocupantes através de considerações como uma melhor ventilação, iluminação natural e conceção ergonómica.

2.2 TENDÊNCIAS DA PROCURA DE ENERGIA EM EDIFÍCIOS ENVELHECIDOS

O Projeto Indo-Suíço para a Eficiência Energética dos Edifícios (BEEP) realizou um estudo exaustivo em resposta ao aumento da procura de energia nos edifícios mais antigos. Este estudo abrangeu dados de 400 apartamentos residenciais em duas zonas climáticas distintas, Delhi e Chennai. O inquérito para esta investigação foi realizado durante os anos de 2009 e 2010. Os dados recolhidos incluíam áreas de apartamentos que variavam entre 800 e 1300 pés quadrados. (BEEP, 2013)

Figura 6 Apartamentos objeto de inquérito na Índia (Fonte: Indo-Swiss BEEP)

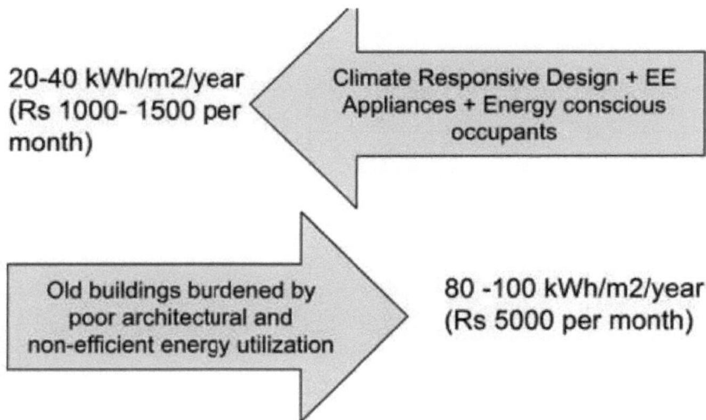

Figura 7 Conclusão do inquérito (Fonte: Indo-Suíça BEEP)

Os dados ilustram claramente uma disparidade significativa no consumo de energia entre os edifícios antigos, sobrecarregados por uma arquitetura deficiente e uma utilização não eficiente da energia, e o período de deterioração das escolhas dos componentes dos edifícios e de forte dependência do ar condicionado. Consequentemente, a procura de energia nos edifícios mais antigos, em particular nos que não têm uma conceção energeticamente eficiente e dependem excessivamente dos sistemas de ar condicionado, está numa trajetória ascendente.

A reabilitação energética tem vindo a ser cada vez mais solicitada na indústria da construção devido a uma confluência de factores que impulsionam a necessidade de uma maior eficiência energética. Com as crescentes preocupações ambientais e uma maior consciencialização para as alterações climáticas, existe uma necessidade premente de reduzir a pegada de carbono dos edifícios existentes. Além disso, o aumento dos custos da energia e o desejo de uma maior sustentabilidade financeira motivaram os proprietários e gestores de imóveis a procurar formas de reduzir o consumo de energia e as despesas operacionais.

2.2.1 FACTORES QUE DETERMINAM A PROCURA DE ENERGIA NOS EDIFÍCIOS MAIS ANTIGOS

De acordo com o estudo da Global Buildings Performance Network sobre o envelhecimento dos edifícios, são identificados vários factores importantes que estão a aumentar a procura de energia nestas estruturas.

SNO.	Área de reabilitação	Principais considerações e medidas
1	Isolamento deficiente	Os edifícios mais antigos carecem frequentemente de um isolamento adequado, o que resulta em perdas de calor durante o inverno e ganhos de calor durante o verão. A adaptação do isolamento pode ser um desafio devido às cavidades limitadas das paredes e às restrições arquitectónicas.

2	Sistemas AVAC ineficientes	Muitos edifícios antigos têm sistemas de aquecimento, ventilação e ar condicionado (AVAC) desactualizados que consomem demasiada energia. A substituição ou atualização destes sistemas pode ser dispendiosa e pode exigir modificações arquitectónicas.
3	Janelas com um só vidro	Janelas de um só vidro que oferecem um fraco isolamento e desempenho térmico. Substituir as janelas por janelas com vidros duplos ou por alternativas energeticamente eficientes é uma medida comum, mas pode ser dispendiosa.
4	Iluminação que desperdiça energia	Os edifícios mais antigos têm frequentemente sistemas de iluminação desactualizados com lâmpadas incandescentes ou fluorescentes que são ineficientes em comparação com a moderna iluminação LED. A reconversão das luminárias e dos controlos de iluminação pode conduzir a poupanças de energia.
5	Obsoleto Aparelhos e equipamentos	Os edifícios mais antigos podem ainda utilizar aparelhos e equipamentos desactualizados que consomem mais energia do que os modelos modernos e energeticamente eficientes. A atualização destes aparelhos pode fazer parte de uma estratégia de reabilitação.
6	Fuga de ar	Os sistemas podem ser difíceis devido ao espaço limitado para equipamentos modernos, como unidades de AVAC ou sistemas de energia renovável, como painéis solares.

Quadro 1 Factores que determinam a procura de energia nos edifícios mais antigos (Fonte: GBPN)

O estudo identificou considerações e medidas críticas, incluindo isolamento deficiente, sistemas AVAC ineficientes, janelas de vidro único, iluminação energeticamente ineficiente, electrodomésticos obsoletos e fugas de ar. Estas conclusões servem de modelo estratégico para os próximos projectos de reabilitação, sublinhando a necessidade imperativa de soluções inovadoras e de investimentos em tecnologias e concepções energeticamente eficientes.

2.3 SURGIMENTO DO BIM

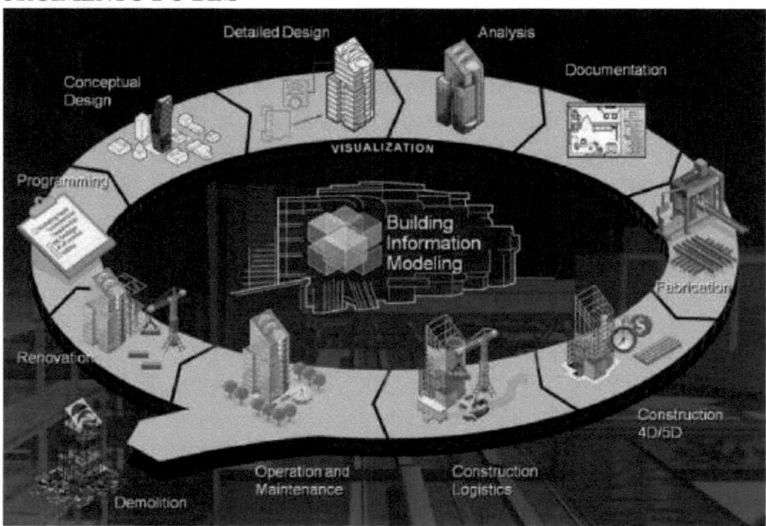

Figura 8 Papel do BIM nas fases do sector da construção

O BIM é um método para otimizar a conceção, a execução e a operação de estruturas de edifícios. A base do BIM é um modelo informático 3D que pode ser melhorado através da adição de informações adicionais, como tempo, custos e utilização. Não se trata de um pacote de software, mas sim de um método de trabalho, colaboração, conceção, gestão, construção e exploração. A tecnologia BIM é importante porque ajuda os arquitectos a planear, imaginar, modelar, analisar, registar e construir projectos de uma forma mais rápida, mais precisa e mais competitiva. A produtividade, o trabalho em equipa, a precisão dos dados, a melhor visualização e a simulação de problemas e situações são alguns dos benefícios mais importantes do BIM. Isto poderia ser melhor resumido na Figura 7 (Namlı, 2019)

2.3.1 DESENVOLVIMENTO DE HARDWARE E SOFTWARE

Existem inúmeros programas disponíveis, sendo os mais populares o Autodesk Revit para modelação da informação de construção e o EnergyPlus para avaliação energética. Existem também muitas ferramentas disponíveis para avaliar falhas nos modelos, adicionar elementos visuais e criar modelos. Dynamo, Grasshopper e MATLAB são algumas das novas tecnologias utilizadas no desenvolvimento de software.

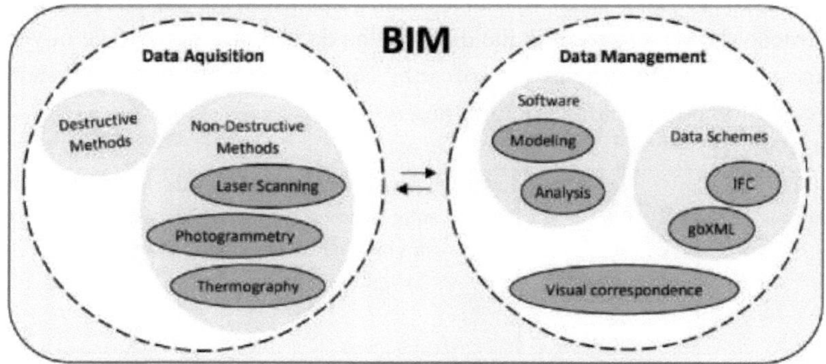

Figura 9 Evolução do BIM (Fonte: por investigador)

SOFTWARE

Autodesk Revit

O Autodesk Revit é um poderoso programa BIM que permite aos arquitectos, engenheiros e projectistas examinar o desempenho energético, a integridade estrutural e outros aspectos essenciais do projeto de edifícios. Suporta IFC, GBXML, DWG/DXF e colaboração interdisciplinar, permitindo a troca de dados entre sistemas de software. O Revit também permite o projeto e análise paramétricos, bibliotecas de materiais e integração da análise energética, que ajudam a melhorar a interoperabilidade e a tomada de decisões informadas. O Autodesk Revit tem uma quota de mercado de 49% no mercado de software

BIM e de projeto de arquitetura, como mostra a Fig.8. (Hamil, 2020)

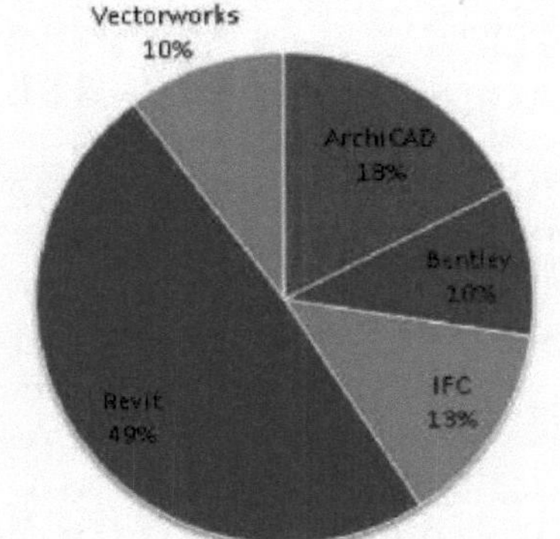

Figura 10 Quota de mercado das ferramentas BIM (Fonte: Código da Construção)

AQUIZAÇÃO DE DADOS

- DIGITALIZAR PARA BIM

Point Cloud to BIM (Digitalização para BIM) é uma tecnologia que está a ganhar imensa popularidade na indústria da Arquitetura, Engenharia e Construção (AEC). Envolve a captura de dados 3D detalhados através de digitalização a laser e a sua conversão em Modelos de Informação da Construção (BIM). O processo inclui a recolha de dados, a geração de nuvens de pontos, a conversão através de software como o Revit e a sobreposição de imagens fotométricas para garantir a precisão.

HARDWARE

Laser 3D Scanner:		Essencial para a captura de dados de nuvens de pontos, escolha entre scanners portáteis, montados em tripé ou móveis com base nas necessidades do projeto.
Fotométrico Câmara:		As câmaras de alta qualidade captam imagens para uma integração precisa com os dados da nuvem de pontos.

Tabela 2 Digitalização para hardware BIM (Fonte: Investigador)

SOFTWARE

1. **Software de processamento de nuvens de pontos:** Ferramentas como o Cyclone da Lecia ou o Autodesk ReCap limpam e alinham dados brutos de nuvens de pontos.
2. **Software BIM:** O Autodesk Revit ou o Bentley MicroStation são cruciais para a criação de modelos BIM 3D.

Software de fotogrametria: O Agisoft Metashape ou o Pix4D podem processar imagens fotométricas para modelos 3D texturados.

ANÁLISE AMBIENTAL

Ferramentas de software especializadas permitem aos arquitectos e engenheiros modelar e simular vários cenários de reabilitação, avaliando o seu impacto ambiental. Isto permite tomar decisões informadas sobre melhorias de eficiência energética, utilização de recursos e redução de emissões, ajudando, em última análise, a criar soluções de reabilitação mais sustentáveis e amigas do ambiente.

ESQUEMAS DE DADOS

Um esquema de dados em Modelação da Informação da Construção (BIM) é um quadro estruturado que define a organização, os tipos e as relações dos dados num modelo e que assegura a coerência na gestão e análise dos dados ao longo do ciclo de vida do edifício.

O estabelecimento de normas do sector, em especial as Industry Foundation Classes (IFC), tem sido fundamental para a modelação da informação da construção (BIM). A IFC, enquanto norma aberta, facilita a troca de dados sem descontinuidades entre várias plataformas de software, promovendo a colaboração e a interoperabilidade nos domínios da arquitetura e da engenharia. Os esquemas de dados BIM contemporâneos transcendem agora as fases tradicionais de projeto e construção, abrangendo todo o ciclo de vida de um edifício, desde a manutenção e operações até à eventual desativação. Esta abordagem holística proporciona uma compreensão matizada do ambiente construído, permitindo uma tomada de decisões informada. Simultaneamente, o desenvolvimento de sistemas normalizados de classificação de dados aumenta a coerência e a transparência nos modelos BIM, simplificando a gestão e a análise de dados. Estes avanços sublinham uma trajetória dinâmica nas metodologias BIM, enfatizando a interoperabilidade, a relevância do ciclo de vida e a gestão de informação estruturada.

2.4 SINERGIA ENTRE BIM E RETROFITTING

O processo de reabilitação de edifícios, embora frequentemente entendido como um percurso linear e sequencial, como mostra a figura 3, tem limitações que devem ser reconhecidas. Esta estrutura rígida, em que cada passo segue o anterior, tem por objetivo assegurar uma abordagem metódica, mas pode inadvertidamente conduzir à perda de oportunidades ou a soluções inadequadas. (Giuda, 2015)

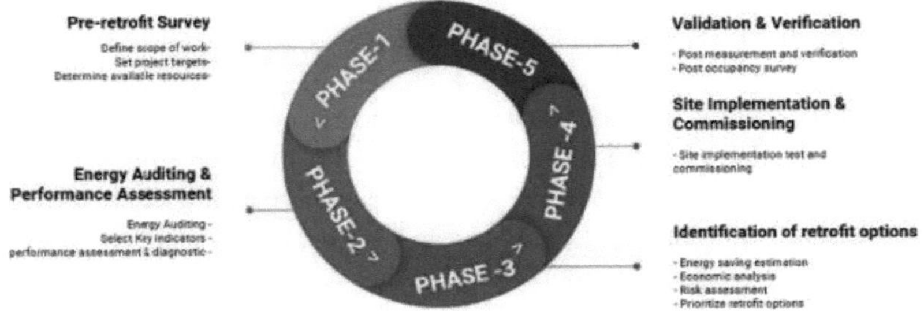

Figura 11 Fases de uma Auditoria Energética (Fonte: Pelo Autor)

2.4.1 CONSTRANGIMENTOS DAS AUDITORIAS ENERGÉTICAS TRADICIONAIS E DOS DADOS COMPILAÇÃO

Há vários problemas associados ao método de inquérito convencional descrito em

Quadro 3:

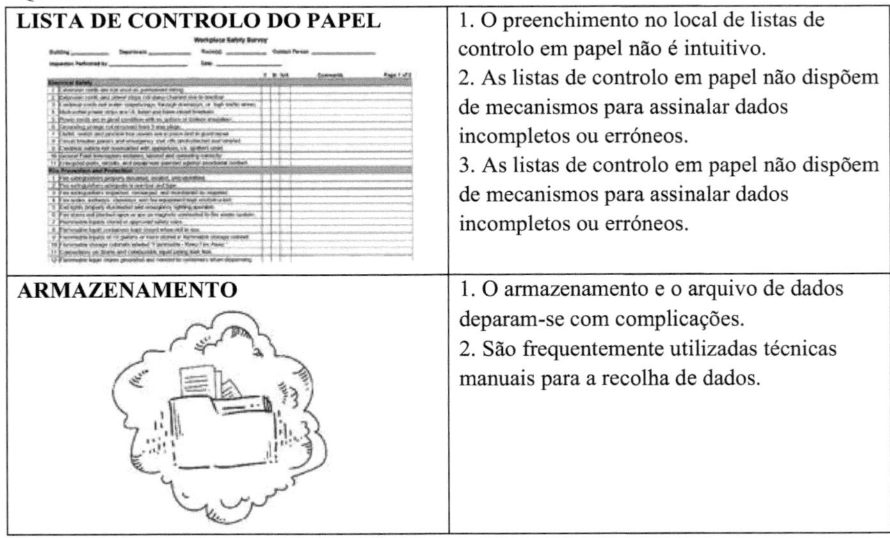

LISTA DE CONTROLO DO PAPEL	1. O preenchimento no local de listas de controlo em papel não é intuitivo. 2. As listas de controlo em papel não dispõem de mecanismos para assinalar dados incompletos ou erróneos. 3. As listas de controlo em papel não dispõem de mecanismos para assinalar dados incompletos ou erróneos.
ARMAZENAMENTO	1. O armazenamento e o arquivo de dados deparam-se com complicações. 2. São frequentemente utilizadas técnicas manuais para a recolha de dados.

Quadro 3 Constrangimentos da auditoria tradicional

Nas auditorias energéticas tradicionais não digitais, a aquisição de dados a partir de arquivos e de inquéritos no local pode ser suscetível a erros e inconsistências. As anotações manuscritas e as listas de verificação em papel podem introduzir imprecisões e dificultar a recolha exaustiva de informações vitais sobre o edifício (Christine et al., 2023). No entanto, a integração da Modelação da Informação da Construção (BIM) e dos processos de reabilitação aumenta significativamente a eficiência e a precisão. As auditorias energéticas não digitais baseiam-se frequentemente em cálculos manuais e pressupostos simplificados, conduzindo a uma documentação limitada do desempenho do edifício ou do consumo de energia ao longo do ciclo de vida do projeto, desde a conceção e construção até à operação, manutenção e eventual demolição.

2.4.2 TIRAR PARTIDO DA MODELAÇÃO BIM E DA INTEGRAÇÃO DE BASES DE DADOS PARA UMA TOMADA DE DECISÕES INFORMADA

A utilização da modelação BIM antes da Fase 2, como demonstrado na Figura 6, enriquece o processo de tomada de decisão. Além disso, os resultados da Fase 2 da auditoria energética podem ser validados através de simulações energéticas alternativas utilizando o modelo BIM. Estes modelos descrevem de forma abrangente os aspectos arquitectónicos e do sistema energético do edifício, permitindo uma análise exaustiva da utilização de energia e avaliações de diagnóstico. Esta abordagem promove uma compreensão mais profunda das ineficiências energéticas, facilitando assim o desenvolvimento de estratégias de reabilitação adaptadas para resolver as deficiências identificadas.

2.4.3 MELHORAR OS PROCESSOS DE REABILITAÇÃO COM A SIMULAÇÃO BIM

A utilização do BIM de uma forma estruturada e iterativa, em contraste com a abordagem linear tradicional, oferece o potencial para melhorias substanciais nos processos de reabilitação. Esta abordagem não só produz resultados superiores, como também apoia a tomada de decisões adaptativas.

Esta abordagem iterativa estabelece um caminho abrangente para o processo de reequipamento, englobando as seguintes fases-chave:

- **Formulação de soluções de reequipamento:** Após a identificação de áreas específicas, o passo seguinte envolve a conceção de soluções de reabilitação personalizadas para responder às suas necessidades específicas. Isto assegura uma adaptação precisa e eficaz.
- **Simulação e análise comparativa:** Revisitar a simulação após a proposta de soluções de reabilitação permite modelar o impacto esperado dessas alterações. Através de uma comparação rigorosa das várias opções de reabilitação, é possível avaliar a sua eficácia na obtenção dos resultados desejados.
- **Refinamento e Iteração:** O processo iterativo torna-se fundamental nesta fase. Ao comparar os resultados simulados, torna-se possível aperfeiçoar e desenvolver soluções de reabilitação. Esta abordagem iterativa é indispensável para obter resultados óptimos e afinar as estratégias.
- **Seleção da solução final:** Através de um envolvimento iterativo na simulação e comparação, as partes interessadas ficam habilitadas a tomar decisões informadas relativamente às soluções de reabilitação mais adequadas.

Esta avaliação considera o seu desempenho efetivo em cenários do mundo real. Esta abordagem proactiva transforma o processo de reabilitação num esforço dinâmico e progressivo, promovendo a adaptabilidade e a previsão na tomada de decisões.

CAPÍTULO 3

ESTUDO DE CASO DE LITERATURA

3.1 GOGREJ BAWAN, MUMBAI

3.2 O PROJECTO 1204 MASON ST., EUA

3.1 EDIFÍCIO GODREJ BHAVAN, MUMBAI

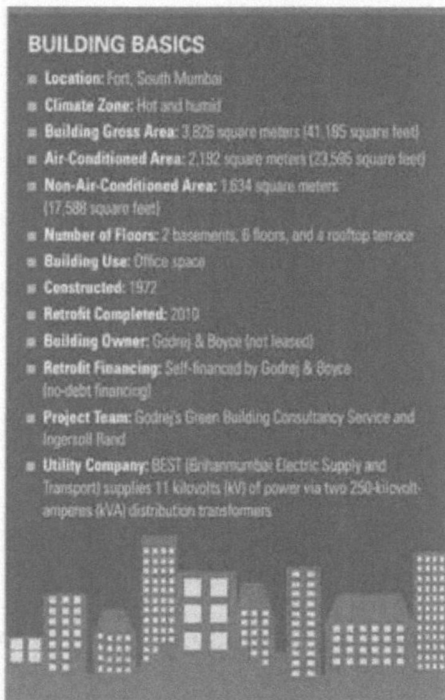

Figura 12 Sobre a Godrej Bavan

O Godrej Bhavan, construído pela Godrej & Boyce em 1972, é um edifício de seis andares que alberga a direção da empresa. Após décadas de contas de eletricidade elevadas, a Godrej & Boyce actualizou o Godrej Bhavan em 2010 para incluir características abrangentes de eficiência energética e sustentabilidade, tais como sistemas eficientes de refrigeração e iluminação. Graças a esta modernização, o Godrej Bhavan é agora um edifício que poupa energia e que está a obter benefícios financeiros e de qualidade ambiental interior significativos para o seu proprietário e ocupantes. (Corporation, 2013)

MEDIDAS DE POUPANÇA DE ENERGIA

Com base na simulação, a equipa de construção implementou medidas de eficiência em quase todas as áreas do edifício, incluindo janelas eficientes, a envolvente do edifício, o ar condicionado, a distribuição do ar, o sistema de distribuição eléctrica, a iluminação e a luz do dia.

(a) VEDAÇÃO

(i) Rebaixamento de janelas 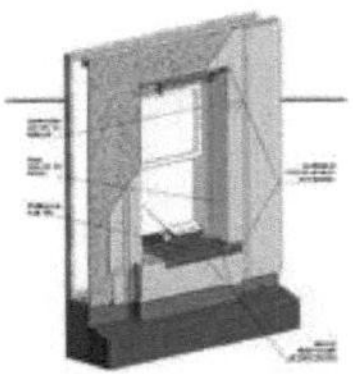 *Figura 13 Janela de recesso*	Para reduzir o calor da luz direta do sol através das janelas e bloquear a radiação solar, instalar "aletas" nos blocos da fachada oeste e acrescentar um sistema de sombreamento exterior para impedir a entrada de calor no edifício.
ii) Vidro de janela eficiente 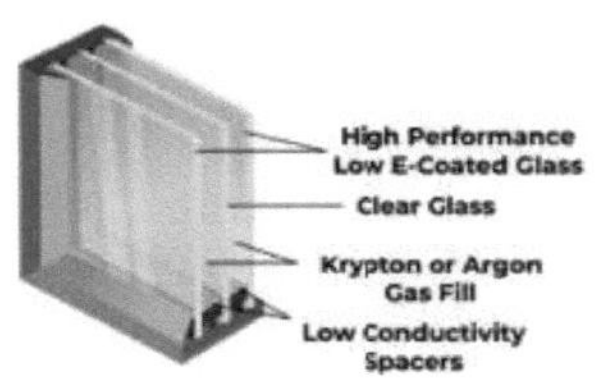 *Figura 14 Vidro de baixa emissividade*	Para otimizar a luz do dia e o arrefecimento, tem um coeficiente de ganho de calor solar de 0,33 e uma transmitância visual da luz de 0,48, permitindo a entrada de menos calor e mais luz no edifício.

Quadro 4 Vidros EEM

(b) ENVELOPE DO EDIFÍCIO

Quadro 5 Envolvente do edifício EEM

(i) Telhado verde  *Figura 15 Telhado verde*	Desenvolveu o telhado verde original do edifício, que tinha uma profundidade de solo de nove polegadas, removendo a cobertura das telhas de barro "tandoor". A equipa da Godrej mediu uma redução da temperatura do telhado em 10°C utilizando imagens térmicas. O telhado verde reduz o calor que entra no edifício e arrefece o último andar, onde se encontra a direção da empresa.
(ii) Sombreamento exterior	Para reduzir o calor da luz solar direta através das janelas e bloquear a radiação solar, instalar "aletas" nos blocos da fachada oeste e acrescentar um sistema de sombreamento exterior para impedir a entrada de calor no edifício. Plantação de árvores à volta do

 *Figura 16 Sombreamento exterior*	edifício para manter um microclima fresco e reduzir o efeito de ilha de calor.

ILUMINAÇÃO ELÉCTRICA

(i) Iluminação T5 de alta eficiência  *Figura 17 Iluminação T5*	A densidade de potência de iluminação interna é de 0,63 W/ft2, o que é 37% inferior à norma IESNA. Este facto sublinha o compromisso com a eficiência energética, potencialmente conducente a poupanças financeiras, e também melhora a experiência geral dos ocupantes
ii) Sensores de ocupação 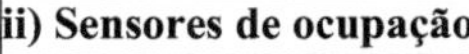 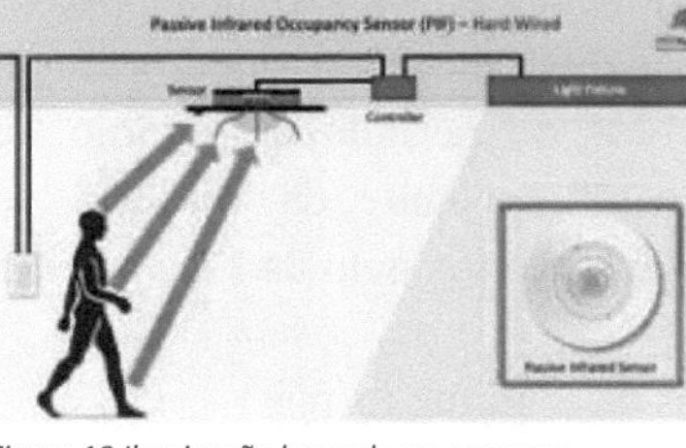 *Figura 18 Iluminação baseada em sensores*	Estes sensores são estrategicamente colocados em espaços onde a ocupação consistente não é garantida, permitindo a gestão inteligente de recursos com base em padrões de ocupação em tempo real. O objetivo da incorporação de sensores de ocupação nestes locais é otimizar a utilização de energia.

Quadro 6 Iluminação eléctrica EEM

2.4.2 CÁLCULO DO CONSUMO DE ENERGIA E DO SEU RETORNO

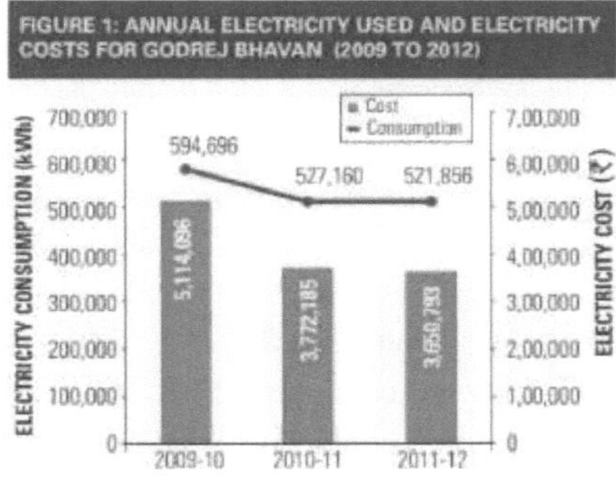

Figura 19 Eletricidade anual utilizada e custos de eletricidade para Godrej Bhavan (Fonte BEE)

Principais conclusões

- Poupanças rápidas: Apenas dois anos após a implementação de actualizações de eficiência energética, a Godrej Bhavan já está a registar poupanças significativas de custos e energia.
- Comparação da base de referência: A base de referência para o cálculo das poupanças foi estabelecida no ano fiscal de 2009-10, o ano anterior à modernização. Isto serve como ponto de referência para medir a eficácia da modernização.
- Poupança no primeiro ano: No primeiro ano após a atualização (FY 2010-11), a Godrej Bhavan alcançou uma impressionante redução de 11,4 por cento no consumo de eletricidade em comparação com a linha de base, o que equivale a uma poupança substancial de custos.
- Poupança no ano 2: No segundo ano após o reequipamento (FY 2011-12), registaram-se poupanças de energia ainda maiores, com uma redução de 12,3% no consumo de eletricidade em comparação com a linha de base.
- Recuperação de custos: Estas poupanças demonstram que Godrej Bhavan está numa trajetória de recuperação dos custos incorridos com a implementação de medidas de eficiência energética. As contas de eletricidade mais baixas estão a contribuir significativamente para esta reviravolta financeira.

Para calcular o período de retorno do investimento alcançado pelo Gogrej Parivar Bhawan, foram avaliados quatro cenários diferentes para ajudar a captar o impacto de duas variáveis-chave nos cálculos do período de retorno do investimento. A primeira variável é o impacto resultante da variação do consumo de energia do edifício. A segunda variável é o impacto da escalada das tarifas.

Em resumo, os três cenários podem ser descritos da seguinte forma:

1. Tarifa efectiva
2. Tarifa fixa
3. Tarifa crescente

1. Cenário tarifário real

Ano fiscal	Utilização de eletricidade (kWh)	% de poupança em relação à linha de base	Poupanças acumuladas (?)
2009-2010	595000	-	**?6,981,199** (projeção de 15 anos)
2010-2011	527160	11.14%	
2011-2012	521856	12.30%	

Tabela 7 Dinheiro poupado na fatura de eletricidade da tarifa real da Godrej Bhavan (Fonte: pelo investigador)

Principais conclusões

- No primeiro ano após a atualização (FY 2010-11), o consumo de eletricidade em Godrej Bhavan caiu para 527 160 kWh, resultando numa poupança de 11,4 por cento em comparação com a linha de base.

- No segundo ano após a atualização (AF 2011-12), foram conseguidas poupanças ainda maiores, com um consumo de eletricidade reduzido para 521 856 kWh, o que representa uma poupança de 12,3 por cento em relação à linha de base.
- Com base apenas nas poupanças nas facturas de eletricidade, a modernização de Godrej Bhavan pagar-se-ia a si própria em 4,7 anos.
- Foram realizadas poupanças acumuladas de ^1,06,90,078 durante um período de 15 anos.
- Este cálculo do período de retorno do investimento considerou os custos médios anuais de eletricidade para o ano fiscal de 2010-12, a utilização de eletricidade de 527 508 kWh após a modernização, poupanças de ^711 489 a partir de 2013 ao longo do período de 15 anos e uma taxa de desconto de 7%

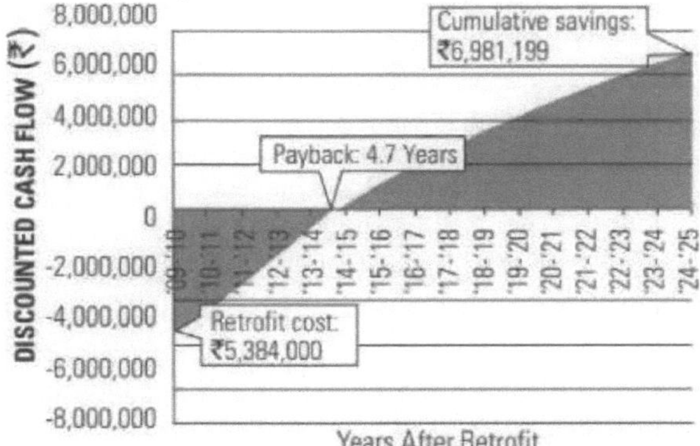

Figura 20 Dinheiro poupado na fatura real de eletricidade de Godrej Bhavan (Fonte: National Research Development Corporation)

2. Cenário de tarifas crescentes			
Ano fiscal	Utilização de eletricidade (kWh)	% de poupança em relação à linha de base	Poupanças acumuladas (?)
2009-2010	595,000	-	**?3,034,874** (projeção de 15 anos)
2010-2012 (média)	524,508	11.14%	
A partir de 2013 (+7%)	564,157	5.18%	

A partir do ano fiscal de 2012, prevê-se um aumento fixo das tarifas de 7 por cento.

É aplicada uma taxa de desconto de 7 por cento para calcular as poupanças e o período de retorno do investimento.

Tabela 8 Dinheiro poupado na fatura de eletricidade de Godgrej Bhavan com tarifas crescentes (Fonte: pelo investigador)

Principais conclusões

- A reabilitação paga-se a si própria em 9,6 anos.

- Godrej Bhavan beneficia de poupanças acumuladas de (3 034 874) durante o período de 15 anos.
- As poupanças médias de energia nos dois anos que se seguiram à adaptação (FY 201012) de 524508 kWh são utilizadas a partir de 2012 ao longo do período de 15 anos.

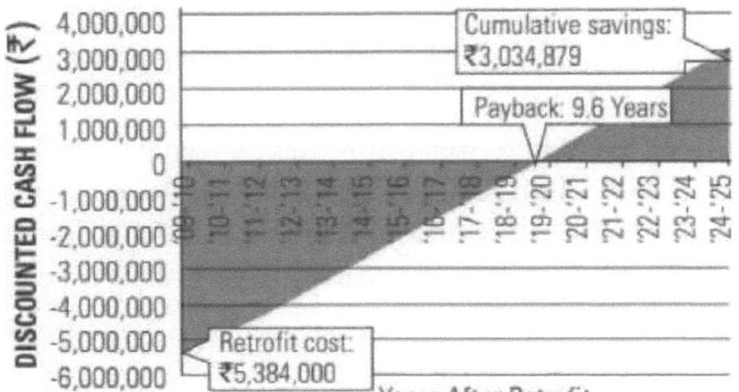

Figura 21 Dinheiro poupado no cenário de tarifas crescentes da Godrej Bhavan (Fonte: National Research Development Corporation)

3. Cenário de tarifa fixa

Ano fiscal	Utilização de eletricidade (kWh)	% de poupança em relação à linha de base	Poupanças acumuladas (?)
2009-2010	595,000	-	**?3,034,874** (projeção de 15 anos)
2010-2012 (média)	524,508	11.14%	
A partir de 2013 (+7%)	564,157	5.18%	

A partir do ano fiscal de 2012, prevê-se um aumento fixo das tarifas de 7 por cento.

É aplicada uma taxa de desconto de 7 por cento para calcular as poupanças e o período de retorno do investimento.

Tabela 9 Dinheiro poupado na fatura de eletricidade de tarifa fixa de Godgrej Bhavan (Fonte: pelo investigador)

Principais conclusões

- A tarifa média de eletricidade para o ano de referência da modernização (FY 2009-10) e para os dois anos seguintes à modernização (até dezembro de 2012) é de 0,16 dólares por kWh.
- Utilizando esta taxa fixa de tarifa de eletricidade e sem considerar quaisquer alterações a longo prazo nas tarifas de eletricidade ou aplicar uma taxa de desconto, o período de retorno do investimento para a reabilitação de Godrej Bhavan é de 8,9 anos.
- As poupanças médias de energia obtidas nos dois anos que se seguiram à modernização (FY 2010-12) ascendem a 524 508 kWh por ano.
- Estas poupanças de energia de 524.508 kWh por ano são mantidas de forma consistente ao longo de todo o período de 15 anos.
- Tal como ilustrado na figura 3, as poupanças cumulativas realizadas pela

Godrej Bhavan
durante o período de 15 anos ascende a 67.773 dólares.

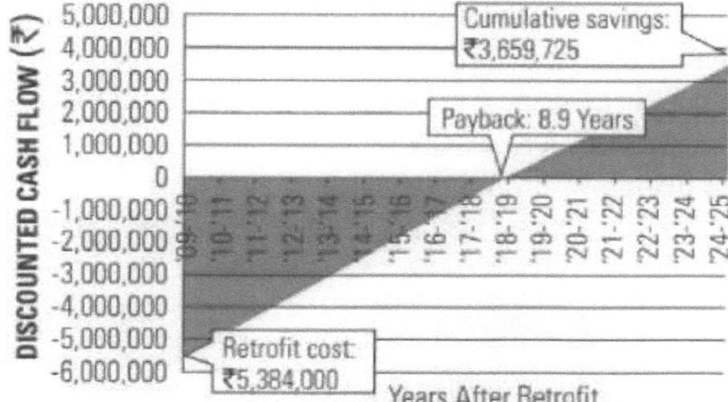

Figura 22: DINHEIRO POUPADO NO CENÁRIO DE TARIFAS FIXAS DE GODREJ BHAVAN (Fonte: National Research Development Corporation)

Inferência:

Considerações sobre o tempo e a entrega do projeto:

- A ausência de informação explícita sobre a incorporação da Modelação da Informação da Construção (BIM) no processo de reabilitação suscita preocupações quanto à eficiência das fases de decisão e de implementação.
- Sem o BIM, a equipa do projeto poderia ter-se deparado com desafios na visualização das intervenções de reabilitação, na coordenação das alterações entre as diferentes partes interessadas e na otimização do fluxo de trabalho para uma implementação atempada.
- As complexidades da reabilitação, que envolvem várias disciplinas como a arquitetura, a engenharia e a construção, podem ter beneficiado da capacidade do BIM para proporcionar um ambiente centralizado e de colaboração a todas as partes envolvidas.

Monitorização e adaptação pós-implementação:

- O estudo de caso aborda as rápidas poupanças e as impressionantes reduções no consumo de eletricidade nos primeiros anos após o reequipamento. No entanto, faltam informações sobre o acompanhamento pós-implementação e as eventuais adaptações efectuadas com base nos dados de desempenho.
- A capacidade do BIM para fornecer dados em tempo real e facilitar a análise contínua poderia ter desempenhado um papel crucial no ajuste e otimização dos sistemas do edifício para uma eficiência energética contínua. A ausência de pormenores sobre este aspeto deixa espaço para explorar a forma como o BIM poderia contribuir para a gestão adaptativa do desempenho energético do edifício.

Monitorização e análise do desempenho:

- É essencial explorar a forma como os dados gerados pelos equipamentos eléctricos, tais como sensores de ocupação e sistemas de iluminação, foram monitorizados e analisados ao longo do tempo. A integração do BIM pode potencialmente permitir o acompanhamento e a análise do desempenho em tempo real, contribuindo para uma tomada de decisões mais informada para as actividades de manutenção.

3.2 O projeto 1204 Mason St., EUA

Visão geral do projeto:

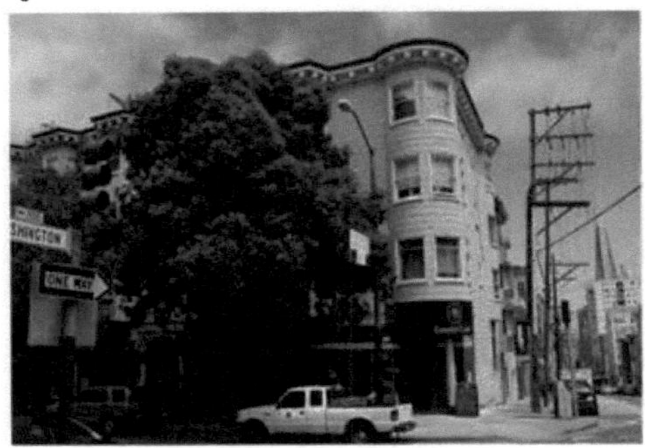

Figura 23 Projeto 1204 Mason St., EUA

O projeto foi financiado pela Green Retrofit Initiative (GRI) do Gabinete do Presidente da Câmara e pela Neighbourworks Foundation. O projeto no número 1204 da Mason St. visava realizar uma análise rápida de três dias, incluindo uma auditoria e uma análise energética.

O objetivo era apresentar as conclusões à PG&E para potenciais incentivos do programa Savings by Design. O desafio único deste projeto consistiu em testar e documentar fluxos de trabalho para analisar a eficiência energética em edifícios existentes dentro de um prazo apertado. (Skipac)

Uma equipa de especialistas da indústria formou a base para um modelo de informação do edifício em Revit. Este modelo foi então utilizado para várias tecnologias de análise energética para fornecer recomendações de eficiência energética ao proprietário do edifício.

Descrição do edifício:

Localização: 1204 Mason St, EUA

Tipo de edifício: Uso misto com uma área total de 25.000 pés quadrados e 4 andares

Componentes funcionais: 24 apartamentos, uma lavandaria, escritórios e um café

Ano de reabilitação: 2012

Desafios e condições actuais:

A reabilitação do projeto 1204 Mason St. começou com uma avaliação exaustiva das condições existentes, que apresentavam vários desafios:

1. **Isolamento inadequado:** As paredes exteriores do edifício tinham pouco ou nenhum isolamento, o que provocava perdas de energia.
2. **Telhado envelhecido:** O telhado do edifício tinha-se deteriorado, afectando o desempenho térmico.
3. **Sistema de aquecimento desatualizado:** Estava a ser utilizada uma caldeira a vapor da década de 1960, o que contribuía para a ineficiência.
4. **Instalação eléctrica:** Foram instalados contadores eléctricos individuais e AQS (água quente sanitária) comuns.
5. **Sistema solar térmico:** Um sistema solar térmico disfuncional estava situado no telhado.

Objectivos do Retrofit:

- O principal objetivo da utilização do BIM era gerar dados essenciais que pudessem apoiar o caso para garantir incentivos do programa Savings by Design da PG&E.
- A tecnologia BIM foi utilizada para efetuar uma análise energética aprofundada num prazo limitado de 3 dias.
- O BIM permitiu uma colaboração perfeita entre uma equipa diversificada de especialistas, tanto local como remotamente, contribuindo para o sucesso do projeto.

A tecnologia BIM implicada na readaptação:

A Modelação da Informação da Construção (BIM) desempenhou um papel fundamental no projeto de reabilitação, permitindo uma análise abrangente da eficiência energética do edifício. O projeto utilizou várias ferramentas, software e metodologias para aproveitar todo o potencial do BIM das seguintes formas:

Figura 24 Imagem digitalizada a laser do projeto da rua Mason 1204

1. **Integração de digitalização laser e nuvem de pontos:**

- A tecnologia de digitalização a laser foi utilizada para criar uma nuvem de pontos 3D detalhada do interior e exterior do edifício. Esta nuvem de pontos serviu como fonte de dados fundamental para o modelo BIM.
- O software BIM, como o Revit, foi utilizado para converter os dados brutos da nuvem de pontos num modelo de informação de construção 3D.

Vantagens:

A. Aquisição de dados eficiente: A digitalização a laser capta rapidamente dados 3D detalhados, facilitando a aquisição de dados quando faltam informações sobre o projeto.

B. Alta precisão: A tecnologia garante medições precisas, reduzindo os erros nos projectos de reabilitação.

C. Poupança de tempo: Uma recolha de dados mais rápida e a redução de erros permitem ganhar tempo ao longo da duração do projeto.

Revit como o software BIM principal:

- O Autodesk Revit, um software BIM líder, foi a principal plataforma para o desenvolvimento do modelo de informação do edifício.
- O modelo BIM em Revit permitiu a criação de uma geometria simplificada, que serviu de base para a modelação e análise energética subsequentes.

Processo:

- Nestes três dias, foi reunida uma equipa de especialistas da indústria (tanto localmente em São Francisco como remotamente em todo o mundo) para desenvolver uma digitalização a laser em 3D do edifício que serviria como documentação de construção existente para o projeto, uma vez que não existia qualquer outra informação disponível.
- A partir dessa digitalização a laser 3D, seria criado um modelo de informação do edifício em Revit, que seria depois partilhado com uma série de diferentes tecnologias de análise energética para estudar e fornecer recomendações de eficiência energética ao proprietário do edifício.
- O projeto de modernização começou com um mapeamento detalhado do sistema elétrico existente. Foi utilizada uma tecnologia de digitalização a laser para recolher os dados espaciais, que foram depois convertidos num modelo BIM 3D abrangente. Este modelo forneceu à equipa do projeto uma imagem precisa e detalhada da infraestrutura eléctrica atual, permitindo-lhes planear a modernização com precisão.

CRIAÇÃO DO MODELO ENERGÉTICO E CALIBRAÇÃO PRELIMINAR: Segue-se um gráfico do processo global de análise energética que foi utilizado, começando com os dados da nuvem de pontos gerados a partir da nuvem de pontos 3D acima referida.

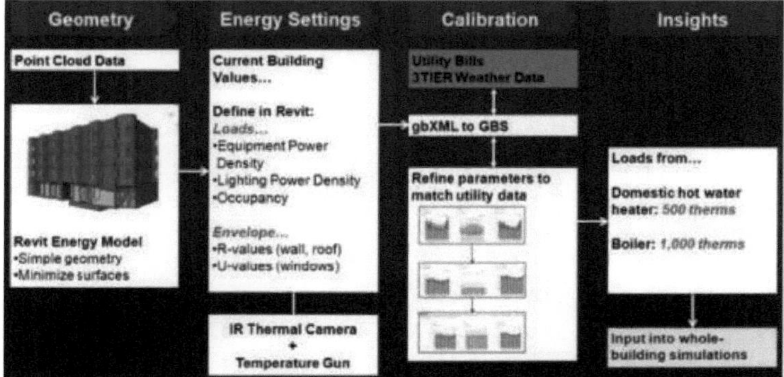

Figura 25 Fluxo de trabalho do processo de análise energética utilizado para a reabilitação

Foi utilizado um modelo Revit 2013 com as cargas internas com o Green Building Studio (GBS) para comparar os resultados simulados do modelo DOE2 (Programa de Análise Energética) com os dados recolhidos das facturas de serviços públicos. Uma captura de ecrã da funcionalidade de serviços públicos do GBS é apresentada abaixo:

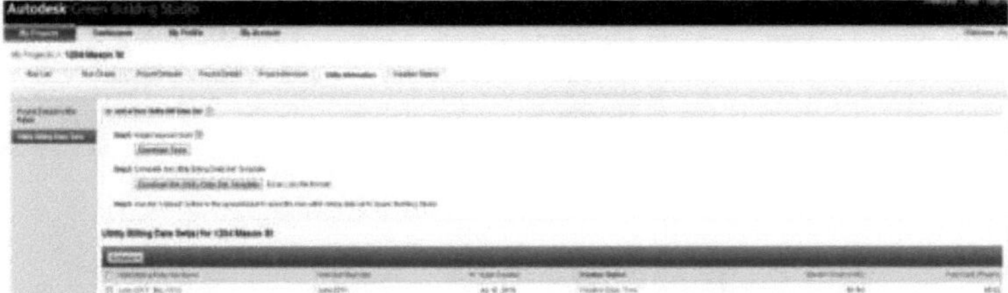

Figura 26 Interface do utilitário de projeto do Autodesk Green Building Studio

As imagens seguintes explicam como interpretar os resultados mensais nos gráficos de execução. As pequenas barras pretas representam os dados dos serviços públicos carregados com o tempo correspondente para esse período anual. O fundo são os dados simulados do GBS. conseguiram modelar com exatidão o consumo de energia dos edifícios e pudemos ainda estimar o consumo de energia do DMW e do aquecimento ambiente. Esta informação foi utilizada para dar prioridade aos custos associados ao aquecimento do edifício e ao fornecimento de AQS.

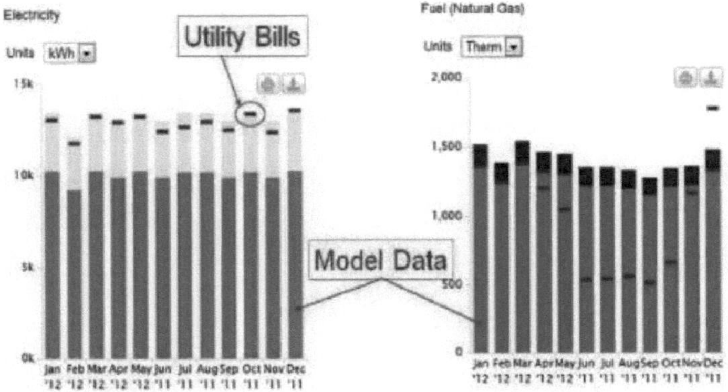

Figura 27 Resultados mensais do estúdio Green Building

ANÁLISE PORMENORIZADA DO MODELO ENERGÉTICO

Utilizando a geometria e as cargas internas e os dados meteorológicos do GBS, imagens térmicas do edifício à noite, foi criado um modelo de base EnergyPlus para compreender por que razão o edifício estava a consumir tanta energia.

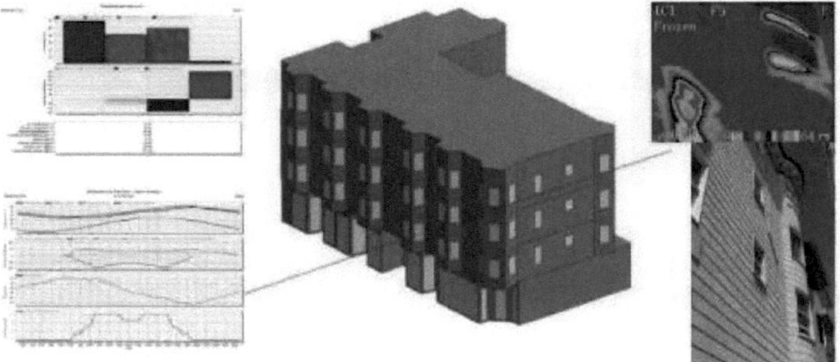

Figura 28 Simulação de energia e câmara térmica de infravermelhos

Imagens térmicas da fachada à noite mostraram que havia pouco ou nenhum isolamento nas paredes. Utilizando o Design Builder, foi possível estimar as poupanças de serviços públicos associadas à implicação da melhoria dos EEM da fachada e das reduções de carga interna.

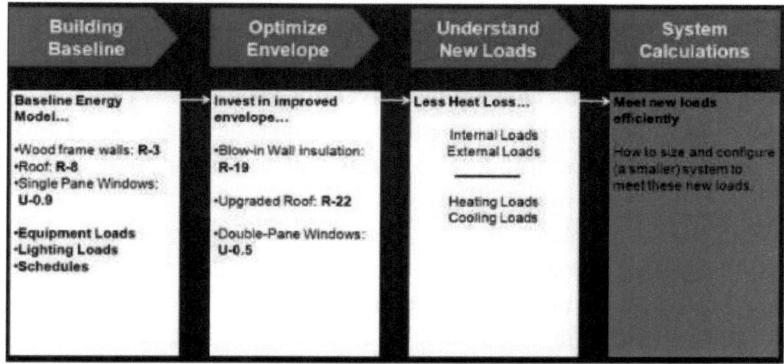

Figura 29 Fluxo de trabalho do EEM

Segue-se um gráfico dos resultados da redução das temperaturas exteriores do edifício se as EEM sugeridas forem implementadas

Opção de Envelope - Componente individual		
	Carga de aquecimento kBtuhj	% de variação em relação ao cenário de base
Linha de base	635	
Janelas de vidro duplo em L baixo, LI 0,3	613	-3.46%
Janelas de vidro duplo com enchimento de ar de baixa emissividade, U 0,26	611	-3.78%
Paredes, o valor R aumentou de 3 para 16	523	-17.64%
Walk, R-ValLie aumentou de 2 para 23	517	-18.58%
Infiltração de ar 0,95 a 0,7	612	-3.62%
Infiltração de ar 0,95 a 0,4	535	-7.87%
Telhado isolado R Va I oe 22,7	570	■10.24%

Figura 30 Medidas de eficiência energética para a envolvente

PRINCIPAIS CONCLUSÕES:

1. Aquisição eficiente de dados através de digitalização a laser:

- A tecnologia de digitalização a laser captou eficazmente dados 3D detalhados, facilitando a aquisição de dados em situações em que faltavam informações sobre o projeto.
- A recolha rápida de dados contribuiu para poupar tempo ao longo da duração do projeto.

2. Alta precisão na medição:

- A digitalização a laser assegurou uma elevada precisão nas medições, reduzindo os erros nos projectos de reabilitação.
- Os dados precisos foram cruciais para uma modelação e análise exactas, apoiando o sucesso global da modernização.

3. Poupança de tempo na recolha de dados:

- A combinação da digitalização a laser e da tecnologia BIM resultou numa recolha de dados mais rápida em comparação com os métodos tradicionais.

- A redução de erros e a aquisição eficiente de dados contribuíram para a poupança de tempo ao longo do projeto.

4. Colaboração perfeita com equipas diversificadas:

- O BIM facilitou a colaboração perfeita entre uma equipa diversificada de especialistas da indústria, tanto localmente em São Francisco como remotamente em todo o mundo.
- As características colaborativas do BIM contribuíram para o sucesso do projeto de reabilitação dentro do prazo apertado de três dias.

5. Interface utilitária no Green Building Studio:

- O projeto utilizou a funcionalidade de utilidade do Autodesk Green Building Studio para comparar os resultados do modelo simulado com os dados de utilidade recolhidos nas facturas.
- Esta interface forneceu uma plataforma para avaliar a eficácia da reabilitação em termos de consumo de energia e poupança de serviços públicos.

CAPÍTULO 4

ESTUDO DE CASO PRIMÁRIO

4.1 SINGAR BOYS HOSTEL ,VIVEKANANDA GLOBAL UNIVERSITY

4.1 SINGAR BOYS HOSTEL, VGU, JAIPUR,INDIA

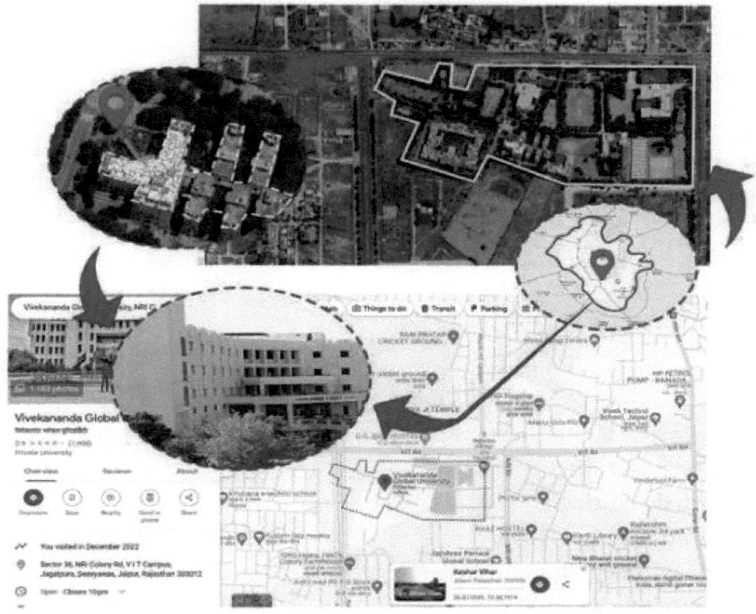

Figura 31 Localização do edifício do hostel da Vivekananda Global University, Jaipur, Índia. (Fonte: investigador)

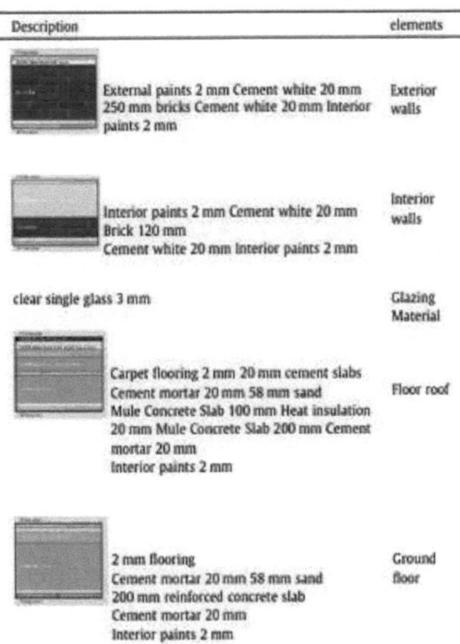

Description	elements
External paints 2 mm Cement white 20 mm 250 mm bricks Cement white 20 mm Interior paints 2 mm	Exterior walls
Interior paints 2 mm Cement white 20 mm Brick 120 mm Cement white 20 mm Interior paints 2 mm	Interior walls
clear single glass 3 mm	Glazing Material
Carpet flooring 2 mm 20 mm cement slabs Cement mortar 20 mm 58 mm sand Mule Concrete Slab 100 mm Heat insulation 20 mm Mule Concrete Slab 200 mm Cement mortar 20 mm Interior paints 2 mm	Floor roof
2 mm flooring Cement mortar 20 mm 58 mm sand 200 mm reinforced concrete slab Cement mortar 20 mm Interior paints 2 mm	Ground floor

Localização: Jagatpura, Jaipur, Rajasthan, Índia
Clima: Composto
Área bruta do edifício:
Ano de construção: 2012
Função do edifício: Dormitório
Tipo de iluminação: LED
Sistema de arrefecimento: Ventoinha, AC de janela
Tempo de funcionamento: 24/7 (Todo o dia)

DETERMINAR O OBJECTIVO DO PROCESSO DE READAPTAÇÃO:

Na maioria dos casos, o objetivo do processo de reabilitação é económico, poupando os custos consumidos pelo edifício, quer se trate do custo do consumo de eletricidade, gás natural, consumo de água ou manutenção dos dispositivos utilizados. Há também um objetivo ambiental de modificar o edifício existente, tornando-o um edifício sustentável que não prejudica o ambiente. Um edifício que proporcione conforto aos seus utilizadores, um edifício que poupe energia, pelo que também deve ser especificada a capacidade ou o tipo de reabilitação do edifício existente, que deve ser de um dos seguintes tipos

AUDITORIA ENERGÉTICA

(i) **Consumo diário de eletricidade** Não foi possível obter dados sobre o consumo de energia eléctrica do edifício de escritórios através das facturas de eletricidade

(ii) **Auditoria do consumo de eletricidade (auditoria energética)** Conhecer o consumo dos aparelhos e sistemas utilizados no edifício em watts/hora.

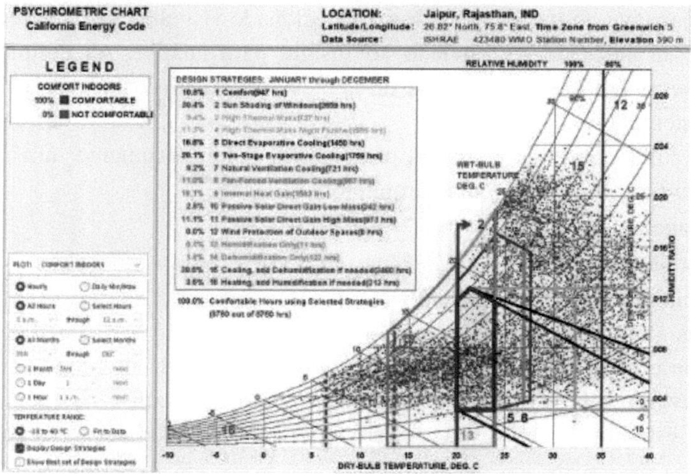

Figura 32 O Simulado do Consultor Climático Fonte: (Pelo Pesquisador).

CONSUMO DE ELECTRICIDADE NO EDIFÍCIO (DE ACORDO COM AS OBRAS):

- Ajustar **as definições de análise** energética Determinar o período de análise, que é no período de verão de 21/6 a 21/9 por ser o período de maior consumo de energia eléctrica para climatização do edifício, e o processo de análise energética feito com um dispositivo (placa Predator Ph315 (NVidia GeForce)) (Core i5 décima geração). A análise foi efectuada utilizando o Insight Analysis Plugin com o Revit 2023.

AQUISIÇÃO DE DADOS:

As plantas foram obtidas em cópia física, uma vez que não existia documentação adequada sobre o projeto.

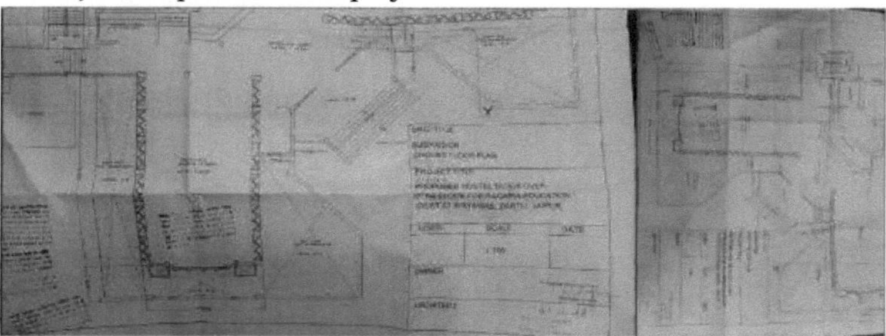

Figura 33 Planos arquitectónicos do Singar Boys Hostel, VGU

ELABORAÇÃO DE MODELOS ANALÍTICOS:

Um modelo energético separado, constituído por superfícies e volumes, é criado diretamente a partir do nosso modelo de design. O modelo energético é criado automaticamente no Revit e pode ser inspeccionado visualmente para verificar a sua precisão antes de ser enviado ao Insight para análise. As definições de energia permitem-lhe controlar os diferentes factores a considerar ao criar o modelo energético.

O Revit oferece 3 abordagens para gerar automaticamente um modelo energético a partir de um modelo arquitetónico.

- Massagem
- Conceção mista
- Modelo arquitetónico detalhado

Defina as definições básicas de energia para controlar a racionalização do modelo de energia. Na maioria dos casos, as definições básicas de energia são suficientes para obter resultados aceitáveis para uma análise energética. Mas para este estudo utilizámos um modelo arquitetónico detalhado com paredes e colunas.

FLUXO DE TRABALHO: ANÁLISE ENERGÉTICA COM O REVIT E O INSIGHT

Utilize modelos Revit com o Insight para analisar o desempenho energético dos seus projectos. Com técnicas de otimização energética, podemos analisar o nosso modelo Revit enquanto trabalhamos na adaptação.

PREPARAR O MODELO PARA ANÁLISE

Primeiro, configure o modelo para análise energética. Os modelos criados com elementos de construção (paredes, pisos, coberturas, etc.) ou com elementos de massa podem ser analisados com o Insight. Os modelos que contêm elementos de massa e de construção em conjunto também podem ser analisados. Defina a localização e seleccione os dados meteorológicos durante a configuração do modelo.

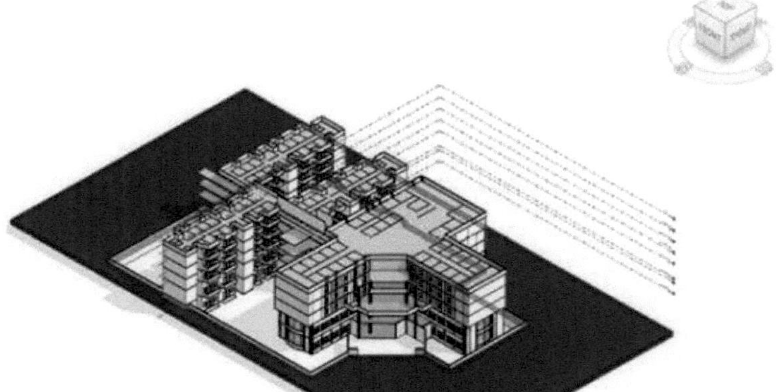

Figura 34 Modelo Revit do bloco do albergue para rapazes de Singar, VGU

Quando planeamos efetuar uma otimização energética para um modelo arquitetónico que inclui massas e elementos detalhados, temos de compreender como o Revit utiliza estes elementos para gerar o modelo energético. Estes elementos de construção devem ser razoavelmente fechados. O modelo não precisa de ser estanque. Pequenas lacunas e sobreposições são parte natural dos modelos arquitectónicos reais. São esperados e permitidos durante a criação do modelo energético.

Create the Energy Model: Detailed Architectural Model	Create the Energy Model: Massing	Create the Energy Model: Mixed Design	Specify the Location
Understand the best practices for modelling when using detailed elements to create an energy model.	Use a simple massing model during early stages of design to create an energy model.	Combine massing and detailed elements in a design to create an energy model.	Specify a geographic location and select a weather station to provide data used in the energy analysis of the model.

Tabela 10 Configuração do modelo para análise energética

CRIAR O MODELO ENERGÉTICO

É criado um modelo energético separado, constituído por superfícies e volumes, diretamente a partir do modelo de design. O modelo energético é criado automaticamente no Revit e pode ser inspeccionado visualmente quanto à sua precisão antes de ser enviado ao Insight para análise. As definições de energia permitem-lhe controlar os diferentes factores a considerar ao criar o modelo energético.

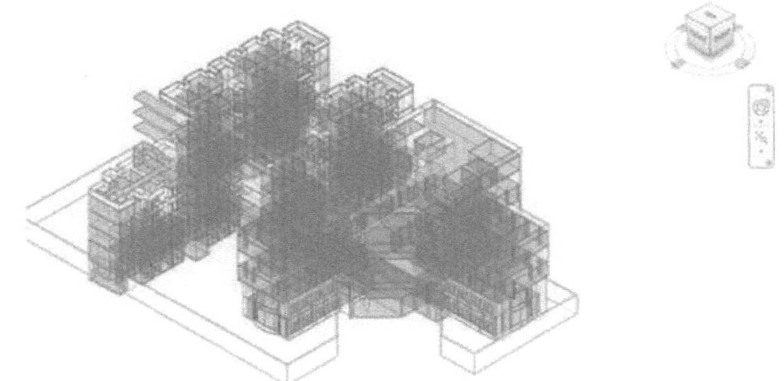

Figura 35 Espaços analíticos para análise energética

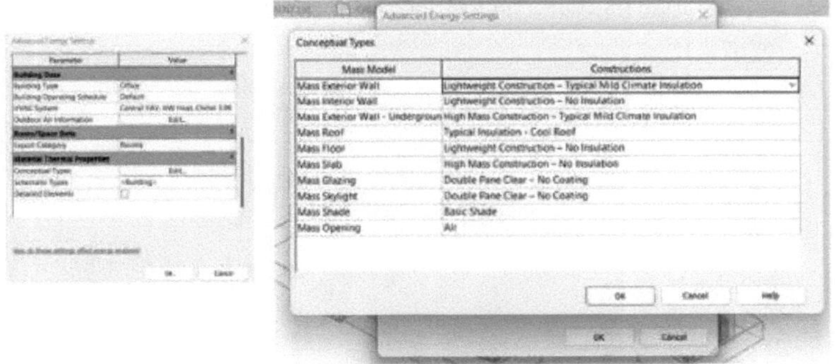

Figura 36 Definições de energia avançadas

ANALISAR E OPTIMIZAR

Envie o seu modelo energético para o serviço de análise em nuvem do Insight. No portal da Web do Insight, otimize o desempenho do seu projeto ajustando fatores do projeto e comparando diferentes cenários. Num modelo energético (Fig. 35), os espaços são volumes discretos (massas) de ar que sofrem perda ou ganho de calor.

Estas variações de calor devem-se a processos internos como a ocupação, iluminação, equipamento e AVAC, bem como às trocas de calor com outros espaços e com o ambiente exterior. O papel dos espaços é captar com exatidão a variação das trocas de calor interior e exterior ao longo de um edifício.

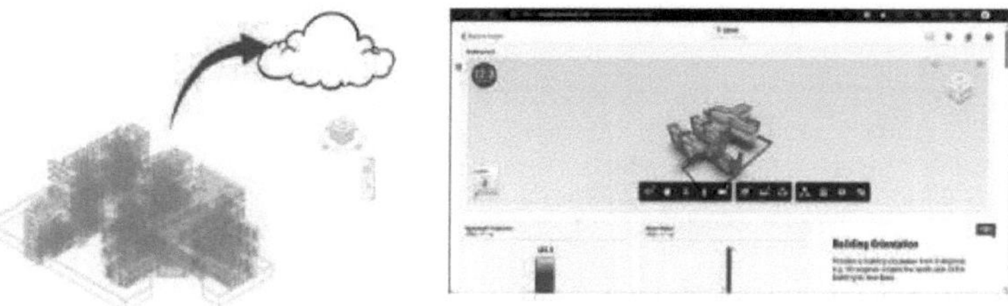

Figura 37 Vista do espaço analítico Figura 38 Interface de otimização do Autodesk Insight360

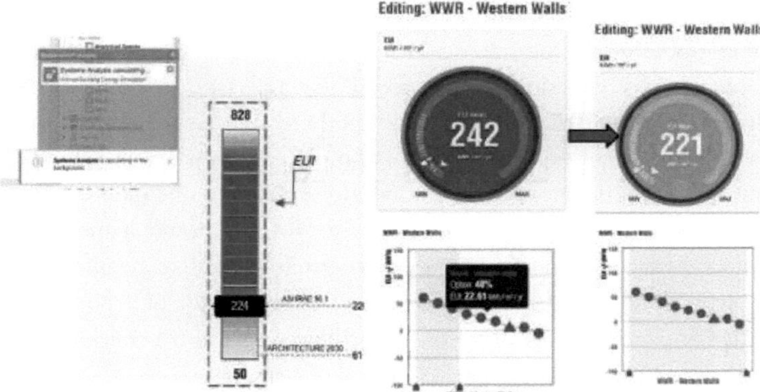

Figura 39 Comparação de referências utilizando o Insight 360

Depois de utilizar o Energy Optimization for Revit para gerar um modelo analítico de energia e realizar a análise energética, o Autodesk Insight foi utilizado para compreender, avaliar e ajustar os factores operacionais e de projeto para melhorar o desempenho. Quando se faz o benchmarking do edifício no Portfolio Manager, uma das principais métricas que se vê é a intensidade da utilização de energia, ou EUI, como se mostra na fig. 38. Essencialmente, a EUI expressa o consumo de energia de um edifício em função do seu tamanho ou de outras características.

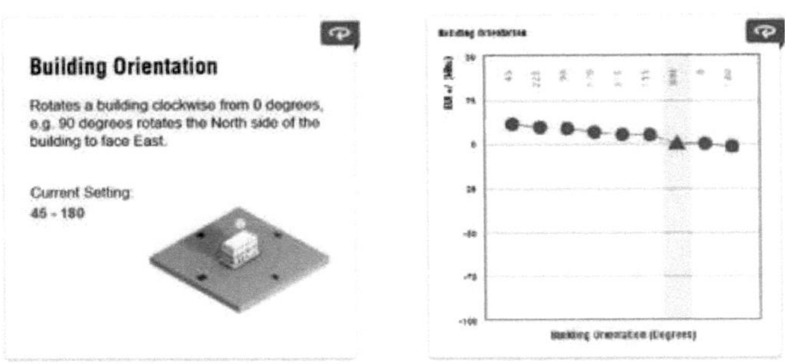

Figura 40 Widgets de energia e gráfico de parâmetros

Clique num widget para abrir uma vista alargada dos resultados de análises específicas. Esta vista também inclui uma apresentação da Comparação de Referência global do projeto, de modo a mostrar instantaneamente os resultados das alterações aos critérios de conceção. Nesta vista, é possível limitar o intervalo aceitável de dados de conceção ou de resultados de análise, arrastando os lados do realce azul ou as pegas azuis no eixo X, como se mostra na fig.41 . Também é possível deslocar todo o intervalo do projeto clicando e arrastando o meio da barra azul, como se mostra na fig. 40. Tal como a modificação do projeto do edifício, a modificação dos critérios de análise resulta numa nova entrada no Histórico do modelo para comparação. É possível salvar configurações específicas e critérios de projeto como um cenário para avaliar outras iterações do modelo.

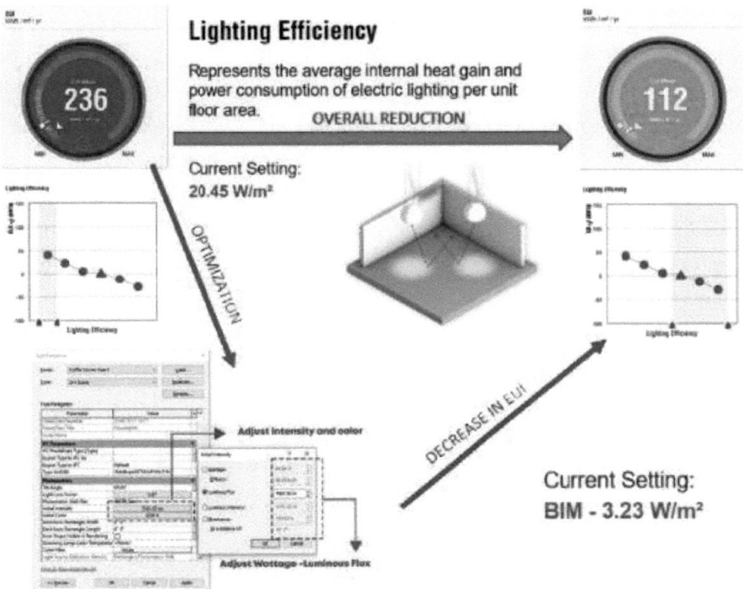

Figura 41 Otimização da eficiência da iluminação no Insight

Ao longo do ciclo de projeto de um modelo de edifício, foi planeada uma utilização frequente da Otimização Energética para o Revit, assegurando um esforço contínuo para melhorar o desempenho energético. Foram programados esforços regulares de otimização para melhorar os objectivos de desempenho energético do edifício. A Otimização Energética para Revit foi utilizada em todas as fases do projeto, desde o projeto concetual ao projeto esquemático e ao desenvolvimento do projeto, onde foram tomadas decisões sobre o projeto e a colocação de janelas, paredes cortina, sombreamento, espaços e muito mais.
Ao realizar repetidamente este processo, o projeto foi consistentemente orientado e impulsionado para um melhor desempenho energético.

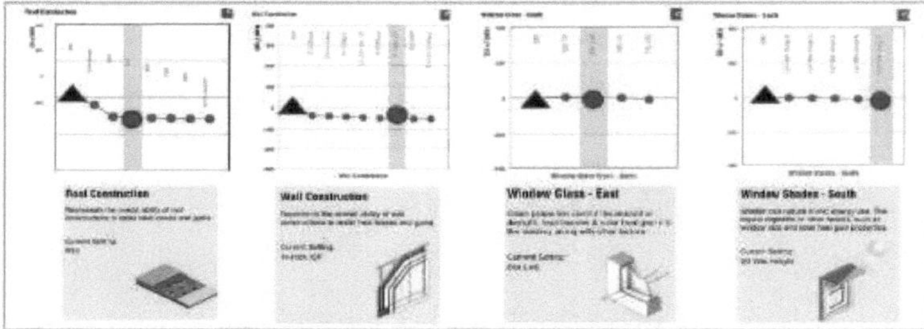

Figura 42 Widgets de energia

GERAÇÃO DE UM NOVO CENÁRIO

Crie um novo Cenário para salvar opções de design e aplicá-las a iterações futuras de um modelo. Para salvar um Cenário para um modelo, clique no botão Adicionar cenário no cabeçalho da janela do Insight que mostra o modelo. O novo cenário aparecerá em uma barra lateral que lista todos os cenários salvos. Use o botão de menu '-' para renomear ou excluir o Cenário associado. O botão à direita da barra lateral mostra ou
oculta a barra lateral.

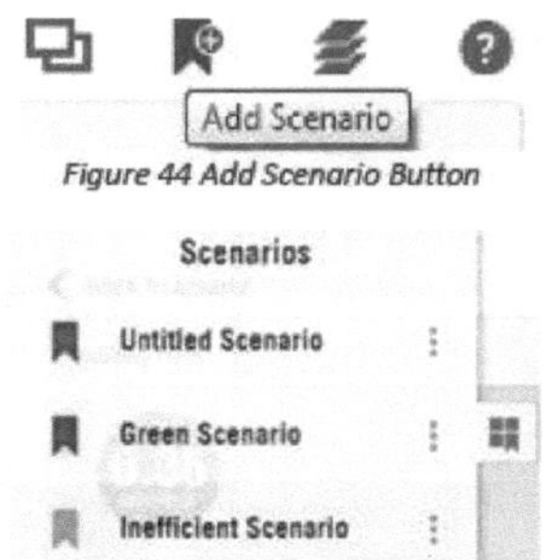

Figure 44 Add Scenario Button

Figura 43 Barra lateral do cenário

Clique no botão Comparação de cenários para exibir o gráfico Comparação de cenários no painel superior da janela Insight.
Este gráfico compara os resultados de referência de todos os cenários para o modelo de energia nas mesmas unidades que o painel Building Form. Passe o rato sobre uma entrada no gráfico para ver o valor exato do valor de referência.
Depois de criar um Cenário para um edifício específico, é possível aplicar esse Cenário a outros edifícios no Insight. Clique no link Voltar ao Insight no cabeçalho da janela Insight para retornar ao Insight que contém o edifício ativo.
Na visualização Ideias, use o botão Comparação de modelos para expandir a barra lateral. Clique no menu suspenso Cenários e selecione um Cenário para visualizar os resultados da aplicação dos critérios desse Cenário a vários modelos no Insight. Clique na estrela ao lado do nome de um Cenário para adicioná-lo à lista de Favoritos. Os Cenários favoritos estão disponíveis em todas as Ideias.

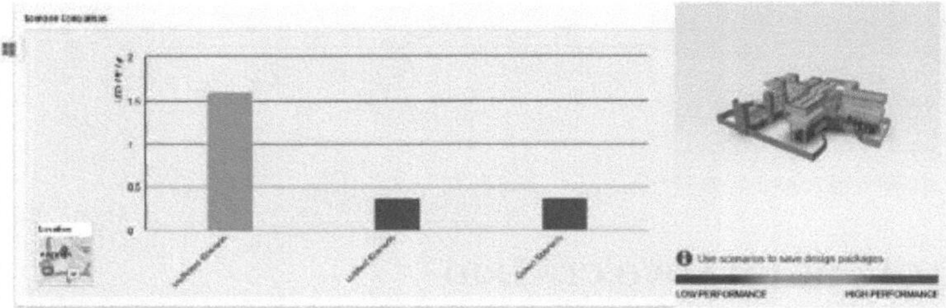

Figura 45 Painel de comparação de cenários

PRINCIPAIS CONCLUSÕES:

Integração no fluxo de trabalho de projeto:

- A análise energética utilizando o Revit e o Insight integra-se perfeitamente no fluxo de trabalho do projeto, proporcionando um meio simples de avaliar as decisões em várias fases do processo de projeto.
- Sendo um serviço de nuvem da Autodesk, o Insight garante uma análise rápida com baixa demanda de computação.

Análise contínua para decisões informadas:

- A análise energética contínua ao longo do projeto ajuda a acompanhar os efeitos potenciais das decisões de conceção, assegurando que a eficiência e a sustentabilidade são considerações integrais e não reflexões posteriores.
- A análise orienta decisões de conceção granulares, revelando potenciais resultados e contribuindo para os objectivos de sustentabilidade.

Processo iterativo para a eficiência:

- Depois de estabelecer o projeto geral do edifício no Revit, o aperfeiçoamento contínuo através do processo iterativo de calcular, ajustar e repetir a análise energética conduz a um edifício mais eficiente.
- As recomendações do Insight contribuem para a criação de um edifício sustentável com novas considerações de eficiência.

Maximizar a eficiência através da interação de componentes:

- O processo de modelação energética, facilitado pelo Insight, maximiza a eficiência através da avaliação da interação dos vários componentes do edifício.
- Esta abordagem integradora garante que as decisões de conceção em todas as disciplinas contribuem coletivamente para a intensidade da utilização de energia do projeto.

CAPÍTULO 5

ENTREVISTA E INQUÉRITO

5.2ENTREVISTA

5.1.1 PRINCIPAIS CONCLUSÕES E INFERÊNCIAS

5.2 RELATÓRIO DO INQUÉRITO

5.2.1 OBJECTIVO DO INQUÉRITO

5.2.2 QnA

5.1 ENTREVISTA

Esta entrevista teve lugar na Design2Occupancy Services LLP (D2O), uma organização proeminente especializada em soluções de construção sustentáveis. Tive o privilégio de conversar com o Er. Yash Mathur, um consultor sénior experiente, engenheiro BIM e designer com quatro anos de experiência. Os seus conhecimentos e ideias fornecem perspectivas valiosas sobre a sinergia entre a tecnologia BIM e a adaptação eficiente em termos energéticos no ambiente construído.

Figura 46 Logótipo Design2Occupancy

Pergunta 1: Na sua perspetiva, existe uma procura de reabilitação da eficiência energética nos edifícios?

A procura de reabilitação da eficiência energética nos edifícios é cada vez maior. As pessoas estão cada vez mais conscientes da importância de reduzir o consumo de energia, tanto por razões económicas como ambientais.

Pergunta 2: A reconversão é uma solução viável?

Na Índia, a reabilitação de edifícios é menos comum devido ao seu estatuto de país em desenvolvimento. No entanto, a reabilitação é definitivamente uma opção sustentável. Imagine-se um edifício com 50 anos de idade com um desempenho deficiente; a reabilitação pode prolongar a sua vida útil em 25 anos ou mais. É económica e ambientalmente sensato reabilitar em vez de demolir e construir de novo, especialmente quando o novo edifício tem um ciclo de vida semelhante ou mais curto. A reabilitação está em conformidade com os princípios da sustentabilidade e da eficiência dos recursos.

Pergunta 3: Existem tipos de edifícios ou sectores específicos em que considera urgente a adaptação da eficiência energética?

Bem, a modernização da eficiência energética tem potencial em todos os sectores, mas eu diria que é particularmente urgente em edifícios comerciais e industriais mais antigos. Estes têm frequentemente sistemas e isolamentos desactualizados, que podem ser melhorados significativamente. No entanto, os edifícios residenciais também oferecem oportunidades, especialmente em regiões com climas extremos

Pergunta 4: Na sua opinião, existem regiões geográficas ou climas em que a adaptação da eficiência energética é particularmente crucial?

Definitivamente. Em regiões com climas extremos, como zonas muito frias ou muito quentes, a modernização da eficiência energética é crucial. Nos climas frios, trata-se de melhorar o isolamento e os sistemas de aquecimento, ao passo que nos climas quentes, a tónica é frequentemente colocada nos sistemas de arrefecimento e num melhor isolamento.

Pergunta 5: Encontrou algumas limitações ou inconvenientes na utilização da tecnologia BIM para a reabilitação da eficiência energética e, em caso afirmativo, como os resolveu?

Uma limitação é o custo inicial da implementação do BIM e outra é a necessidade de pessoal qualificado. Mas podemos resolvê-las dando ênfase à poupança de custos a longo prazo e investindo
na formação contínua da nossa equipa.

Pergunta 6: Segundo a sua experiência, de que forma a utilização da tecnologia BIM contribui para reduzir o tempo necessário para os projectos de reabilitação energeticamente eficientes?

A tecnologia BIM contribui para a eficiência em projectos de modernização com eficiência energética, criando modelos 3D que identificam potenciais problemas, simplificando o planeamento e melhorando a coordenação das partes interessadas. Esta abordagem visual melhora a tomada de decisões, reduzindo os prazos dos projectos.

5.1.2 PRINCIPAIS CONCLUSÕES E INFERÊNCIAS

A entrevista com o Er. Yash Mathur fornece informações valiosas sobre o domínio da reabilitação energeticamente eficiente e o papel da tecnologia BIM neste contexto. Da entrevista podem ser retiradas as seguintes conclusões e inferências fundamentais:

- **Sustentabilidade da reabilitação:** Embora a reabilitação seja menos comum na Índia devido ao seu estatuto de país em desenvolvimento, o perito sublinha que se trata de uma opção sustentável. Salienta o potencial para prolongar a vida dos edifícios antigos em 25 anos ou mais através da reabilitação, tornando-a económica e ambientalmente sensata, especialmente quando comparada com a demolição e construção de novos edifícios.

- **Crescente procura de reabilitação da eficiência energética:** Os peritos confirmam uma procura crescente de readaptação da eficiência energética nos edifícios. Esta procura é impulsionada pela crescente sensibilização para a importância da redução do consumo de energia, tanto por razões económicas como ambientais.
- **Desafios e soluções BIM:** Os desafios associados à tecnologia BIM, como os custos iniciais e a necessidade de pessoal qualificado, são reconhecidos. As soluções envolvem uma perspetiva de longo prazo que enfatiza a poupança de custos e a formação contínua para desenvolver as competências necessárias.
- **Eficiência temporal com o BIM:** Verifica-se que a utilização da tecnologia BIM melhora significativamente a eficiência temporal dos projectos de reabilitação. Ao identificar problemas precocemente, simplificar o planeamento e melhorar a colaboração, o BIM contribui para uma conclusão mais rápida do projeto, demonstrando o seu valor prático.

Embora a tecnologia BIM ofereça vantagens significativas, são reconhecidos os desafios relacionados com os custos iniciais e a necessidade de pessoal qualificado. No entanto, estes desafios podem ser atenuados através de uma focalização na poupança de custos a longo prazo e no investimento em formação. As ideias do entrevistado sublinham o potencial e a importância da reabilitação eficiente do ponto de vista energético, tanto no contexto da Índia como a nível mundial, salientando simultaneamente o papel da tecnologia BIM na facilitação destas melhorias.

5.2 RELATÓRIO DO INQUÉRITO

OBJECTIVOS DO INQUÉRITO: -

- Avaliar o percurso profissional
- Avaliar a implementação de técnicas inteligentes para a otimização energética
- Identificar os factores que afectam a readaptação
- o Avaliar as percepções e os conhecimentos sobre a modelação da informação da construção

1. Qual é a sua formação profissional?

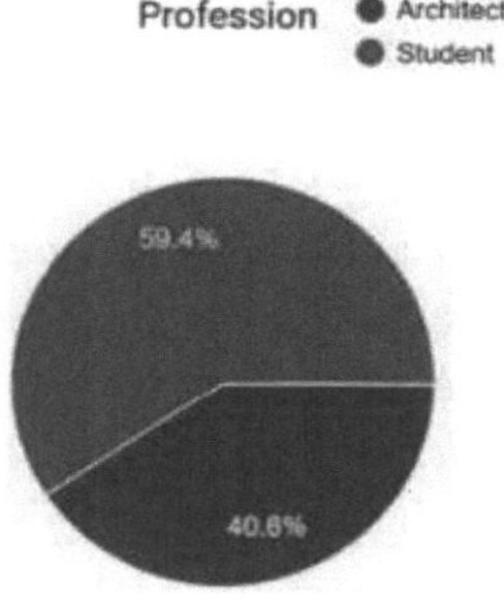

Observações: *Entre os participantes no inquérito, 59,4% identificaram-se como estudantes, e 40,6% declararam a sua profissão como arquitectos. Esta composição diversificada no grupo de inquiridos tem um significado considerável no contexto da investigação, particularmente no que diz respeito ao papel do BIM como ferramenta.*

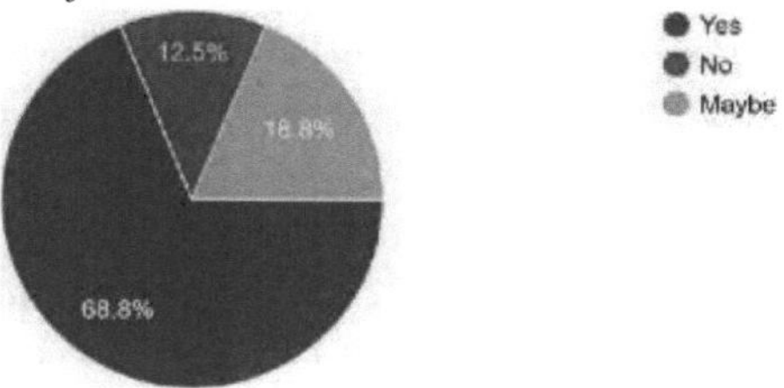

2. É necessário tornar os edifícios existentes mais eficientes do ponto de vista energético através de readaptações?

***Observações**: O inquérito revela um forte consenso, com 68,8% a apoiarem a necessidade de reabilitações energeticamente eficientes em edifícios existentes, enquanto 12,5% discordam e 18,8% não têm a certeza. Estes resultados sublinham a importância do estudo e a natureza multifacetada da questão.*

3. Considera que os processos tradicionais de reabilitação têm certas limitações que impedem a sua eficácia na melhoria da eficiência energética? Se sim

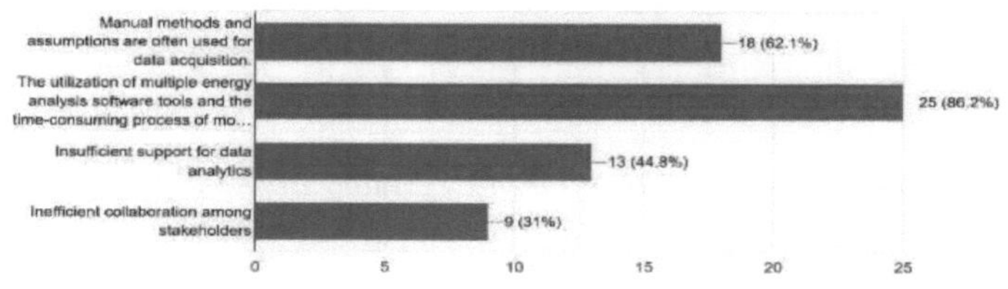

Observações: *Os participantes no inquérito apontaram várias limitações nos processos tradicionais de reabilitação que afectam a sua eficácia no aumento da eficiência energética. Entre estas limitações, a mais significativa, com o maior peso, é a utilização de múltiplas ferramentas de software de análise energética e o processo de modelação moroso. Além disso, os inquiridos manifestaram preocupação com os métodos manuais e os pressupostos para a aquisição de dados, o apoio insuficiente à análise de dados nas plataformas de software e as ineficiências na colaboração entre as partes interessadas. Estas conclusões evidenciam a principal preocupação no domínio da adaptação eficiente do ponto* de *vista energético.*

4. Na sua opinião, quais são os principais benefícios da utilização do BIM no sector da energia?

projectos de reabilitação eficientes?

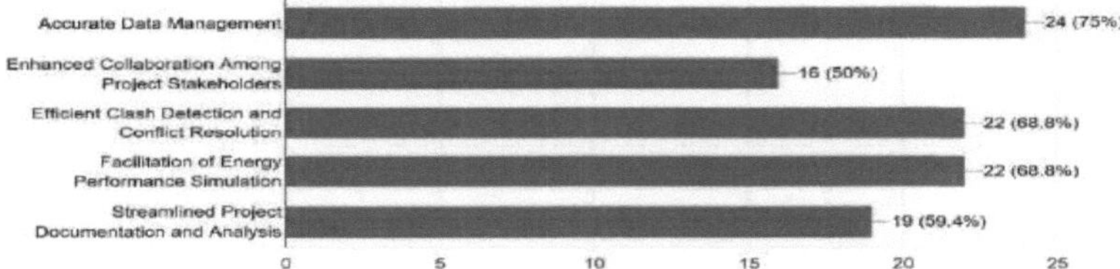

Observações: *As respostas ao inquérito sublinham a importância do BIM em projectos de reabilitação energeticamente eficientes. A gestão exacta dos dados, com 75%, demonstra a precisão do BIM . A colaboração melhorada, a deteção eficiente de conflitos e a simulação do desempenho energético, todas com 68,8%, realçam o papel fundamental do BIM. A documentação e análise simplificadas, reconhecidas por 60%, sublinham ainda mais a importância do BIM.*

4. Os obstáculos à aplicação da Modelação da Informação da Construção (BIM) na reabilitação de edifícios podem incluir

Observações: *Os resultados do inquérito revelam obstáculos significativos à implementação da Modelação da Informação da Construção (BIM) em projectos de reabilitação de edifícios. Nomeadamente, 71% dos inquiridos*

identificam a formação e as competências como um obstáculo substancial, salientando a necessidade de conhecimentos especializados. Além disso, 62⁰ % manifestam preocupação com os custos iniciais da formação e do software. A falta de sensibilização é reconhecida por 50% dos inquiridos como um obstáculo, enquanto 37,5% citam a resistência à mudança. Estes dados sublinham os desafios multifacetados que exigem uma atenção especial e soluções estratégicas para promover a adoção efectiva do BIM em projectos de reabilitação.

5. Como classifica o atual nível de sensibilização e adoção do BIM no sector da reabilitação e da auditoria energética?

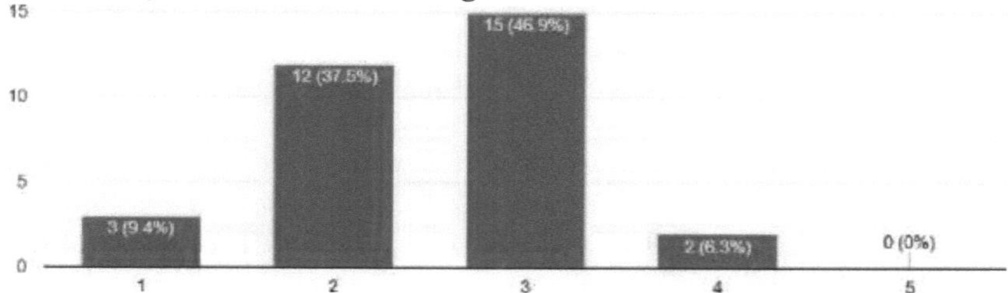

Observações: *As respostas ao inquérito revelam um panorama misto no que respeita à atual sensibilização e adoção da Modelação da Informação da Construção (BIM) no sector da reabilitação e da auditoria energética. Uma percentagem substancial de 46,9% classifica-a como moderada (3), 37,5% vê espaço para melhorias (2) e 9,4% indica uma sensibilização e adoção limitadas (1). Estas conclusões sublinham a necessidade de esforços acrescidos para promover o BIM neste sector.*

6. Participou em algum workshop, seminário ou sessão de formação sobre BIM?

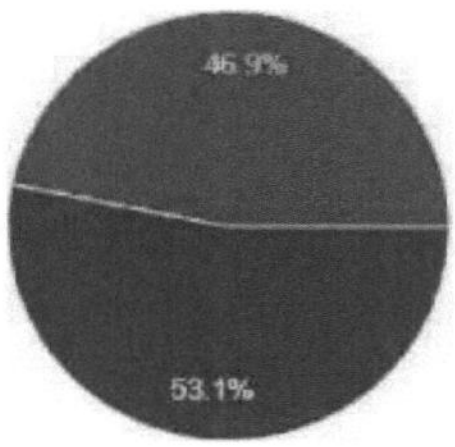

Observações: *Em resposta à pergunta sobre a participação em workshops, seminários ou sessões de formação centrados no BIM (Building Information Modeling), 46,9⁰ % dos inquiridos participaram, enquanto 53,1% não participaram. Estas estatísticas fornecem informações sobre o atual envolvimento e interesse em eventos educativos relacionados com o BIM por*

parte da população inquirida.

7. Estaria interessado em saber mais sobre a integração do BIM e a reabilitação eficiente em termos energéticos através de recursos educativos ou webinars?

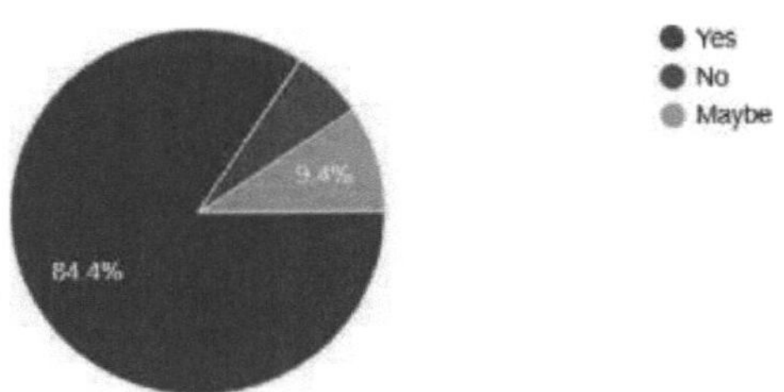

Observações: *A resposta esmagadoramente positiva, com 84,4^{0} % a manifestar interesse em aprender mais sobre a integração do BIM e a reabilitação energeticamente eficiente através de recursos educativos e webinars, sublinha uma procura significativa de conhecimentos neste domínio. Este forte interesse assinala a importância de desenvolver e proporcionar oportunidades educativas para responder a esta procura e promover ainda mais a compreensão e a aplicação do BIM em projectos de reabilitação energeticamente eficientes.*

8. Que tendências tecnológicas emergentes considera que terão o impacto mais significativo no futuro da Modelação da Informação da Construção (BIM) em projectos de reabilitação?

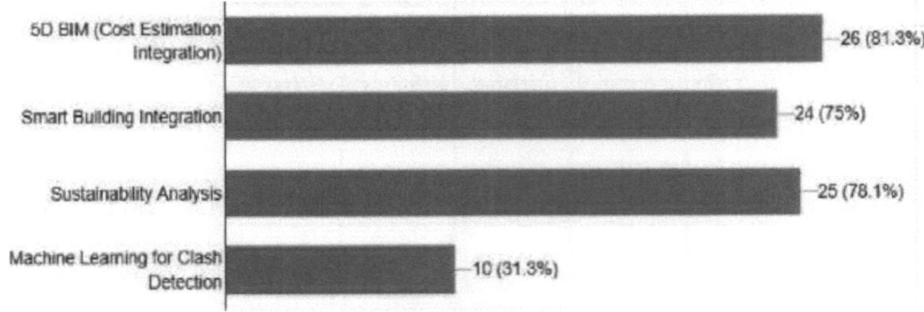

Observações: *Os inquiridos prevêem três tendências tecnológicas fundamentais que moldam o futuro da Modelação da Informação da Construção (BIM) em projectos de reabilitação. A maioria, 81%, acredita que o BIM 5D (integração da estimativa de custos) terá um impacto significativo. Além disso, 75^{0} % consideram essencial a integração de edifícios inteligentes para a análise da sustentabilidade. Estes dados fornecem uma visão geral concisa dos desenvolvimentos tecnológicos previstos no panorama do BIM-retrofitting.*

CAPÍTULO 6

ANÁLISE E CONCLUSÕES

5.1 ANÁLISE DA TECNOLOGIA E DAS FERRAMENTAS BIM

O exame da tecnologia e das ferramentas BIM com base em pontos de vista de peritos e em informações adquiridas de fontes autorizadas em linha, incluindo sítios Web oficiais de produtos ou empresas. A análise é a seguinte:

(b) Comparação de software para análise ambiental com base na ferramenta de avaliação				
	BIM		NÃO-BIM	
Parâmetros	Revit	IES	EQuest	EnergyPlus
Desempenho ambiental	SIM	SIM	SIM	SIM
Otimização do desempenho	SIM	SIM	LIMITADO	LIMITADO
Análise da iluminação natural	SIM	SIM	NÃO	SIM
Personalização e extensibilidade	LIMITADO	EXTENSIVO	EXTENSIVO	EXTENSIVO
Interoperabilidade	SIM	SIM	NÃO	NÃO

Tabela 11 Comparação relativa de diferentes técnicas de aquisição de dados

(a) Comparação relativa de diferentes técnicas de aquisição de dados				
Parâmetros	Automático		Manual	
	Fotogrametria	Digitalização a laser	Fita métrica	Distância do laser
Precisão melhorada	Elevado	Elevado - Muito elevado	Médio	Elevado
Tempo	Baixa	Médio	Muito elevado	Elevado
Custo	Médio	Elevado	Baixa	Baixa
Grau de especialização	Médio	Médio	Baixa	Baixa
Incorporação do BIM	Sim	Sim	Não	Não
Portabilidade	Médio	Elevado	Muito elevado	Muito elevado
Margem de erro	Baixa	Baixa	Médio	Baixa

Quadro 12 Comparação de software para análise ambiental

INFERÊNCIA E RESUMO

Em resumo, a investigação lança luz sobre o papel trans-formativo da adaptação da Modelação da Informação da Construção (BIM) na abordagem dos desafios energéticos nos edifícios mais antigos. Os resultados revelam uma série de problemas que estas estruturas enfrentam, desde um isolamento insuficiente a sistemas AVAC desactualizados, sublinhando a urgência de soluções eficazes. Em particular, estudos como o realizado pelo Projeto Indo-Suíço para a Eficiência Energética dos Edifícios oferecem informações valiosas sobre as crescentes necessidades energéticas destes edifícios envelhecidos.

O BIM surge como uma solução de destaque, que vai além do software convencional, tornando-se uma ferramenta versátil que permite aos arquitectos tomar decisões informadas sobre projectos, custos e funcionalidades dos edifícios. A sua importância é sublinhada num mundo cada vez mais preocupado com o impacto ambiental, as alterações climáticas e os custos crescentes da energia. Os avanços tecnológicos, incluindo os scanners laser 3D e software como o Dynamo e o MATLAB, contribuem para a evolução e eficácia do BIM. No entanto, são reconhecidos desafios, como os custos iniciais de implementação e as preocupações com a segurança.

Um aspeto digno de nota realçado na revisão é a relação harmoniosa entre o BIM e os processos de reabilitação. O BIM actua como uma força orientadora na identificação das melhores estratégias de poupança de energia durante a modernização de edifícios mais antigos, demonstrando a sua aplicação prática como um companheiro inteligente e eficiente.

No planeamento de iterações futuras, a utilização frequente do Energy Optimization for Revit em várias fases do Retrofit garantiu que o projeto do edifício evoluísse consistentemente para um melhor desempenho energético. A funcionalidade de histórico do modelo permitiu comparações entre diferentes iterações, mostrando a evolução do processo de reabilitação.

CAPÍTULO 7

CONCLUSÃO

A integração da Modelação da Informação da Construção (BIM) na reabilitação revela-se trans-formativa, oferecendo uma solução versátil para os desafios complexos dos edifícios mais antigos. O papel do BIM no aumento da eficiência energética e da sustentabilidade é destacado, permitindo aos arquitectos tomar decisões informadas sobre projectos e custos.

A relação simbiótica entre o BIM e a reabilitação é evidente, com o BIM a servir de força orientadora na identificação das melhores estratégias de poupança de energia. A utilização de modelos arquitectónicos detalhados em Revit, juntamente com fluxos de trabalho simplificados através do Insight Analysis Plugin, demonstra um compromisso com a precisão e a eficiência.

Apesar dos desafios, incluindo os custos iniciais e as preocupações com a segurança, a adaptabilidade e a resiliência do BIM são evidentes. Olhando para o futuro, a colaboração, a inovação tecnológica e as regulamentações de apoio são cruciais para maximizar os benefícios do BIM na reabilitação, dando início a uma era mais eficiente em termos energéticos e ambientalmente consciente.

O sucesso do BIM é exemplificado na reabilitação do **The 1204 Mason St.,** destacada no estudo de caso da literatura, e também na aplicação do BIM e da modelação analítica no estudo de caso aplicado do **Singar Boys Hostel**, posicionando-o como um estudo de caso de vanguarda na análise inovadora da reabilitação. O BIM não só oferece uma atualização tecnológica para edifícios mais antigos, como também abre caminho a um futuro mais brilhante e sustentável na reabilitação e conceção de edifícios.

FORTALECIMENTO DE CAMINHO

O presente estudo explorou a integração do BIM na reabilitação, mas a investigação futura poderá aprofundar a integração de tecnologias avançadas, como a inteligência artificial e a aprendizagem automática. Investigar a forma como estas tecnologias podem melhorar as capacidades de previsão dos modelos BIM, conduzindo a análises de eficiência energética ainda mais precisas. Alargar o âmbito da investigação de modo a incluir a monitorização do desempenho a longo prazo dos edifícios adaptados. Avaliar em que medida o BIM suporta avaliações e ajustamentos contínuos do desempenho.

BIBLIOGRAFIA

1. Energy Efficiency Services Limited. (2021). *A EESL vai estabelecer parcerias com ESCOs do sector privado para aumentar o seu Programa de Eficiência Energética de Edifícios.* Obtido de Energy Efficiency Services Limited: https://eeslindia.org/wp-content/uploads/2021/02/Press

2. Associação, E. E. (2017). *Panorama energético internacional 2017.* Recuperado de EEA: https://www.eia.gov/outlooks/ieo/pdf/0484(2017).pdf

3. BEE. (n.d.). *Eco Niwas Samhita.* Obtido do Governo da Índia, Ministério da Energia. Gabinete de Eficiência Energética: https://beeindia.gov.in/en/eco-niwas-samhita-ens

4. BEEP, I.-S. (2013). *Habitação energeticamente eficiente.* Recuperado de BEEP INDIA: www.beepinida.org

5. Corporation, N. R. (2013). *Poupar dinheiro e energia: Case Study.* Recuperado de NRDC: www.nrdc.org

6. CSE, C. F. (n.d.). *Construção e Energia.*

7. Hamil, S. (2020). *Objectos BIM dos fabricantes.* Recuperado do Código de Construção: https://constructioncode.blogspot.com/

8. Khairi, M. (2017). A aplicação, os benefícios e os desafios da adaptação do . *IOP Conference Series: Ciência e Engenharia de Materiais.*

9. Khudair, A. (2021). Rumo às futuras inovações tecnológicas BIM: Uma análise bibliométrica da literatura. *MDPI.*

10. LIMITED, E. E. (2021). *A EESL vai estabelecer parcerias com ESCOs do sector privado para aumentar o seu Programa de Eficiência Energética em Edifícios.* Recuperado de EESL: https://eeslindia.org

11. Namli, E. (2019). Gerenciamento de informações de construção (BIM), uma nova abordagem para o gerenciamento de projetos. *Jornal de Materiais e Tecnologias de Construção Sustentável.* Recuperado de Journal of Sustainable Construction Materials and Technologies.

12. Pyke, C. (2013). Implicações das tendências na utilização do LEED: Design do sistema de classificação e transformação do mercado. *Routledge Tayloy and Francis Group.*

13. Skipac, B. (n.d.). *Utilização de um fluxo de trabalho Retro-BIM: Case Studies in Energy- Driven Retrofit Projects.* Recuperado da Universidade Autodesk: www.autodesk.com/autodesk-university

14. Ugreen. (2022). *Redefinindo o futuro: The Power of Retrofit for Sustainability andEfficiency.* Retrieved from UGreen: https://ugreen.io/retrofit-project-the-key-to-a-sustainable-and-efficient- futuro

15. Directrizes para a reabilitação da eficiência energética de edifícios. (2016). Sustentabilidade nas obras públicas.

16. Jagarajan, R. (2017). Green retrofitting - Uma revisão do estado atual, implementações e desafios. Renewable and Sustainable Energy Reviews, 67, 1360-1368.
17. Ma, Z. (2012). Retrofits de edifícios existentes: Methodology and state-of-the-art. 55, 889-902.

ANEXO

A. Perguntas de entrevista para especialistas

Q. Do seu ponto de vista, existe uma procura de reabilitação da eficiência energética nos edifícios?

Q. A reconversão é uma solução viável?

Q. Existem tipos ou sectores específicos de edifícios em que considera que é urgente a adaptação da eficiência energética?

Q. Encontrou algumas limitações ou inconvenientes na utilização da tecnologia BIM para a reabilitação da eficiência energética e, em caso afirmativo, como os resolveu?

Q. De acordo com a sua experiência, de que forma a utilização da tecnologia BIM contribui para reduzir o tempo necessário para a realização de projectos de reabilitação energeticamente eficientes?

B. Formulário de inquérito

Inquérito de sensibilização e eficácia sobre retrofitting e BIM

Olá, chamo-me Siddharth Sharma e estou atualmente a realizar um inquérito como parte crucial da minha investigação de dissertação sobre o tema da adaptação de edifícios existentes para melhorar a conservação de energia.
A reabilitação envolve a introdução de modificações nas estruturas existentes para melhorar a eficiência energética e a sustentabilidade. Este inquérito visa recolher informações valiosas sobre os desafios enfrentados nos projectos de reabilitação, com destaque para a eficácia das ferramentas de gestão de projectos, como a Modelação da Informação da Construção (BIM).
A sua opinião é muito valiosa e contribuirá significativamente para a minha investigação. Obrigado por participar neste inquérito e pela sua colaboração.

Nome *

Texto de resposta curta

Género *

○ Masculino
○ Feminino
○ Outros...

Profissão *

○ Arquiteto
○ Estudante
○ Outros...

Já ouviu falar de Modelação da Informação da Construção (BIM) no contexto da construção e da arquitetura?

○Y ≡S
○ Não

Na sua opinião, quais são os principais benefícios da utilização do BIM em projectos de reabilitação energeticamente eficientes? *

Gestão de dados exactos
Melhoria da colaboração entre os intervenientes no projeto
Deteção eficiente de conflitos e resolução de conflitos
Facilitação da simulação do desempenho energético
Documentação e análise de projectos simplificadas

Os obstáculos à aplicação da Modelação da Informação da Construção (BIM) na reabilitação de edifícios podem incluir

Falta de sensibilização
Custos iniciais de formação e software
Formação e competências

Resistência à mudança

Há necessidade de tornar os edifícios existentes mais eficientes do ponto de vista energético através de obras de reabilitação? *

Sim

O No

Talvez

Já alguma vez se deparou com a combinação de BIM e adaptação energeticamente eficiente em projectos de construção ou arquitetura?

O Yes

On o

θ Talvez

Como avalia o atual nível de sensibilização e adoção do BIM no sector da reabilitação e * auditoria energética?

1 23 4 5

Lowset O O O O O Mais elevado

Participou em algum workshop, seminário ou sessão de formação sobre BIM? *

OY ≡a

O Não

Estaria interessado em saber mais sobre a integração do BIM e a modernização com eficiência energética * através de recursos educativos ou webinars?

OY ≡a

O Não

θ Talvez

Printed by Books on Demand GmbH, Norderstedt / Germany